Forschung und Prüfung

75 Jahre
Physikalisch-Technische
Bundesanstalt/Reichsanstalt

herausgegeben von

H. Moser

Mit 13 Porträts und 26 Abbildungen

Springer Fachmedien Wiesbaden GmbH

1962

ISBN 978-3-663-15425-9   ISBN 978-3-663-15996-4 (eBook)
DOI 10.1007/978-3-663-15996-4

Forschung und Prüfung

Geleitwort

In den 75 Jahren seit der Gründung der Physikalisch-Technischen Reichsanstalt (PTR), der Vorgängerin der Physikalisch-Technischen Bundesanstalt (PTB), haben Physik und Technik die kühnen Erwartungen eines *Werner von Siemens*, des aktivsten Mitbegründers der PTR, weit übertroffen. Es folgten völlig neuartige Lebensbedingungen für die Menschen des 20. Jahrhunderts.

Für *Werner von Siemens* stand die Förderung der Industrie durch eine „unabhängige Staatsanstalt" im Vordergrund der Erwägungen. Noch heute sind die Aufgaben der PTB mit der industriellen Entwicklung eng verknüpft. Über die ursprüngliche Konzeption hinaus wurden im Laufe der Zeit alle Aufgaben zur Entwicklung und Darstellung der plysikalisch-technischen Einheiten sowie bestimmte Funktionen auf dem Gebiet des Eichwesens dem deutschen Staatsinstitut übertragen. Zu den wachsenden Anforderungen an das „richtige Messen", der wichtigsten Aufgabe der PTR/PTB, trat die Mitwirkung beim Schutz des Staatsbürgers vor vielfältigen Gefahren der Technik. Die umwälzende neue Verkehrstechnik und die Ausweitung des Welthandels zogen auf allen wissenschaftlich-technischen Gebieten eine engere internationale Zusammenarbeit nach sich, an der sich die PTB auf ihrem Tätigkeitsfeld stark beteiligt. Hierzu gehören seit einigen Jahren neue Aufgaben der Bildungs- und Entwicklungshilfe.

Das gesetzliche Meßwesen erfordert ebenso wie die Darstellung und laufende Verbesserung der fundamentalen Maßeinheiten eine umfangreiche wissenschaftliche Forschungstätigkeit der PTB mit regelmäßigem internationalem Erfahrungsaustausch. In den Organen der Meterkonvention und der Internationalen Organisation für Gesetzliches Meßwesen sowie in vielen anderen Gremien arbeitet die PTB mit zahlreichen Institutionen eng zusammen. Dabei wird beispielsweise eine internationale Vereinheitlichung der jetzt noch sehr unterschiedlichen nationalen Vorschriften angestrebt.

Über die Entwicklung der verschiedenen Aufgabengebiete und den dadurch erforderlichen personellen und sachlichen Ausbau der PTB in den letzten fünfzehn Jahren wird in der vorliegenden Festschrift eingehend berichtet. Ich betrachte es als einen glücklichen Umstand, daß unsere Jubiläumsfeier zum Anlaß genommen werden konnte, in einem günstigen Augenblick einmal Rückschau zu halten und die Entwicklung der PTB für unsere Freunde und Fachkollegen zusammengefaßt aufzuzeichnen. Als ich mein Amt in der PTB antrat, lag der größte Teil dieser Festschrift schon im Manuskript vor. Mein Kollege *Moser* hat sich als Vizepräsident der PTB nicht nur der großen Mühe der alleinigen Leitung der Anstalt nach dem Ausscheiden meines Amtsvorgängers *Vieweg* unterzogen, sondern auch alle Sorgen des Herausgebers dieser Festschrift übernommen und bewältigt. Ich möchte ihm hierfür an dieser Stelle herzlich danken.

Besonderer Dank gebührt auch meinem Amtsvorgänger *Richard Vieweg*, unter dessen Leitung der wesentliche Aufbau der PTB stattfand, sowie den Herren Kuratoren, die diesen Aufbau mit Rat und Tat förderten.

Mein Geleitwort wäre unvollständig, wenn nicht die Hilfe und das vielseitige Verständnis des Herrn Bundesministers für Wirtschaft, Professor *Ludwig Erhard*, und seiner Mitarbeiter für den Wiederaufbau der Anstalt mit herzlichem Dank hervorgehoben würde.

Ich wünsche dieser Festschrift eine freundliche Aufnahme bei allen Lesern.

M. Kersten

Vorwort

Diese Festschrift soll einen Beitrag zur Geschichte der Physikalisch-Technischen Reichsanstalt (PTR) und ihrer Nachfolgerin, der Physikalisch-Technischen Bundesanstalt (PTB) liefern, gehörte doch die Pflege der wissenschaftlichen Tradition seit jeher zu den vornehmsten Aufgaben dieses Staatsinstitutes. Selbst die einschneidenden Folgen des zweiten Weltkrieges mit dem Verlust fast der gesamten materiellen Ausrüstung konnten das Gedankengut einer Institution nicht zerstören, die bei Kriegsende fast 6 Jahrzehnte bestanden hatte. Es lebte fort in den zahlreichen Angehörigen der ehemaligen PTR, die sich nach 1945 zum Neuaufbau der PTB zusammenfanden.

Der Grundgedanke bei der Abfassung dieses Buches war, den Anschluß an die Festschrift zum 50jährigen Bestehen der PTR *) herzustellen. Neben einem kurzen historischen Gesamtüberblick wird daher besonders auf die Entwicklung in den letzten 25 Jahren eingegangen. Der aufmerksame Leser wird feststellen, welche vielgestaltigen Aufgaben ein physikalisch-technisches Staatsinstitut heute erfüllen muß, um mit den Anforderungen der modernen Wissenschaft und Wirtschaft Schritt zu halten.

Viele Wissenschaftler der PTB haben zum Zustandekommen dieser Festschrift beigetragen. Ihnen allen an dieser Stelle meinen herzlichen Dank auszusprechen, ist mir ein aufrichtiges Anliegen. Besonders danken möchte ich meinem Kollegen *R. Vieweg* für wertvolle Ratschläge und für die Durchsicht der Korrekturen.

Der Herausgeber

---

*) „Forschung und Prüfung, 50 Jahre PTR", Leipzig, 1937.

Inhalt

I. Forschung und Prüfung als Grundaufgaben

Mit der Gründung der Physikalisch-Technischen Reichsanstalt im Jahre 1887 hatten weitblickende Männer, unter ihnen an hervorragender Stelle *Werner von Siemens, Hermann von Helmholtz* und *Wilhelm Foerster,* tatkräftig unterstützt von dem damaligen *Kronprinz Friedrich,* nach Überwindung großer Schwierigkeiten einer Idee zum Siege verholfen, die sich in der Folgezeit nicht nur für das Deutsche Reich, sondern für alle Industrieländer der Welt als fruchtbar und beispielgebend erweisen sollte. Der Grundgedanke — in einem Schreiben *Werner von Siemens* an die Reichsregierung vom 20. März 1884 niedergelegt — war, bestimmte experimentelle Forschungsarbeiten auf dem Gebiet der exakten Naturwissenschaft als zentrale staatliche Aufgabe anzuerkennen. Zu diesem Zweck wurde die Errichtung eines physikalisch-technischen Staatsinstitutes vorgeschlagen, dessen Wissenschaftler mit ausreichenden apparativen Mitteln ausgestattet, frei von hauptberuflicher Lehrtätigkeit sich unabhängig von materiellen Interessen an den zu lösenden Problemen mit experimenteller Forschung, insbesondere auf dem Gebiet der Physik, befassen sollten, zum Nutzen der Wissenschaft und der Industrie ihres Landes. Es erscheint uns heute rückblickend kaum verständlich, wieviel Mühe und Zeit es gekostet hat, bis dieser Plan vor nunmehr 75 Jahren verwirklicht werden konnte *).

Ihre Präzisierung erfuhren die Aufgaben der PTR in der Denkschrift, die von der Reichsregierung dem Reichstag zwecks „Errichtung einer ‚physikalisch-technischen Reichsanstalt' für die experimentelle Förderung der exakten Naturforschung und der Präzisionstechnik" im Etatjahr 1887/88 vorgelegt wurde. Danach sollten die Aufgaben sein:

I. Auf dem Gebiet der Forschung:

„Ausführung solcher wissenschaftlicher Untersuchungen physikalischer Art, welche einen größeren Aufwand teils an Arbeitszeit der Beobachter, teils an instrumentalen Hilfsmitteln, lokalen Einrichtungen usw. erfordern, als der Regel nach durch Privatpersonen und durch die Laboratorien der höheren Unterrichtsanstalten beschafft werden können."

---

*) Vgl. hierzu die ausführliche Darstellung der Geschichte der Gründung der Reichsanstalt in „Forschung und Prüfung, 50 Jahre PTR", Leipzig, 1937.

II. Auf dem Gebiet der Prüfung:

1. „Prüfung und Sicherung der Eigenschaften der Materialien, aus welchen Apparate und Messungsmittel jeder Art für Zwecke des Reichsdienstes, der Wissenschaft, der Präsizionstechnik und der Gewerbe hergestellt werden.

2. Prüfung und Sicherung der Gleichförmigkeit und Normalität von konstruktiven Hilfsmitteln und Konstruktionsteilen, welche zur Herstellung der vorstehend erwähnten Gegenstände für die genannten Zwecke dienen.

3. Prüfung und Beglaubigung von physikalischen Meßwerkzeugen und Teilen derselben, wie sie im weitesten Umfang für die vorerwähnten Zwecke dienen."

Wenn wir uns heute fragen, wie sich diese Aufgaben in der Folgezeit gewandelt haben, so finden wir, daß die Veränderungen nicht so groß sind, wie man es vielleicht auf Grund der stürmischen Entwicklung der Naturwissenschaft und Technik in den letzten 75 Jahren hätte erwarten können. Gewiß war bei der Gründung der PTR nicht beabsichtigt, deren Forschungsaufgaben in irgendeiner Weise einzuengen und etwa auf solche zu beschränken, die zur Förderung der Präzision oder des Meßwesens notwendig sind — das ist auch heute nicht der Fall —, doch ist schon damals eine gewisse Ausrichtung im Sinne einer wissenschaftlichen Betreuung des Meßwesens unverkennbar. Diese Tendenz ist im Laufe der geschichtlichen Entwicklung der PTR immer mehr in Erscheinung getreten. Die von den Gründern vorausgesehene technische Evolution hat dazu geführt, daß die Industrie heute vielfach selbst in der Lage ist, Forschungsaufgaben zu übernehmen, die früher der PTR zugefallen waren. Und aus der Einsicht in die grundsätzliche Bedeutung der physikalisch-technischen Forschung werden heute die Laboratorien der Universitäten und Technischen Hochschulen in ungleich höherem Maße mit Mitteln ausgestattet und damit in die Lage versetzt, größere experimentelle Untersuchungen durchzuführen als vor 75 Jahren. Auch sind im Laufe der Zeit weitere staatliche oder privatrechtliche, vom Staat geförderte Institutionen entstanden, die sich mit speziellen physikalischen Forschungsaufgaben befassen (z. B. die Kaiser-Wilhelm-Gesellschaft, jetzt Max-Planck-Gesellschaft). Insofern ist ein Teil der ursprünglich der PTR zugedachten Aufgaben jetzt an andere Stellen verlagert worden, und es hat sich allein schon wegen des großen Umfanges der heute zu bewältigenden physikalischen Probleme eine Konzentrierung auf den wissenschaftlichen Dienst am physikalisch-technischen Meßwesen ergeben, d. h. auf ein Gebiet, das sich inzwischen zu einem selbständigen

Werner von Siemens

Wissenschaftszweig, der Metrologie, entwickelt hat. Die moderne Bearbeitung dieser Aufgabe erfordert wegen der außerordentlichen Verfeinerung und Komplizierung der Meßmethoden einen erheblich größeren Forschungsaufwand als in den Gründerjahren, und ihre Bedeutung wächst im Zeitalter der Massenfertigung und Automatisierung dauernd. Das soll nicht heißen, daß damit jegliche Forschung, die anderen Zwecken dient, ausgeschaltet ist. Die PTB hält an der alten Tradition fest, der Initiative ihrer Wissenschaftler nach Möglichkeit keine Grenze zu setzen und die großen experimentellen Mittel, die ihr zur Verfügung stehen, in jeder Weise auszunutzen, um neue physikalische Erkenntnisse zu gewinnen, insbesondere auf Gebieten, an denen ein allgemeines oder öffentliches Interesse besteht. Auch heute steht die Forschung als eine unabdingbare Voraussetzung fruchtbringender Tätigkeit im Vordergrund der Arbeiten der PTB.

Die Hauptaufgaben der PTR/PTB auf dem Prüfsektor sind im wesentlichen schon in der oben erwähnten Gründungsdenkschrift festgelegt. Sie bestehen in der Prüfung von Meßgeräten, Meßeinrichtungen und Maßverkörperungen verschiedenster Art hinsichtlich ihrer Anzeigegenauigkeit und der Zuverlässigkeit ihrer Konstruktion einschließlich der Eigenschaften der Materialien, aus denen sie hergestellt sind. Erheblich gewachsen ist auch hier die Vielfalt und die Anzahl der zu prüfenden Geräte. Das hat dazu geführt, daß im Laufe der Zeit die Bauart- oder Typenprüfungen gegenüber den Einzelprüfungen immer mehr in den Vordergrund getreten sind. Letztere werden heute in weit überwiegendem Maße von den Eichbehörden, den Elektrischen Prüfämtern oder der Industrie selbst durchgeführt; dagegen bildet die Einzelprüfung und Beglaubigung von Normalgeräten für Behörden, Wissenschaft und Industrie wie früher eine vorrangige Prüfaufgabe der PTB, weil nur auf diese Weise die Einheitlichkeit und Richtigkeit aller Maße im Zuständigkeitsbereich gewährleistet wird. Dem gleichen Zweck dient die Prüfung von Normalsubstanzen, die bestimmte physikalische Stoffeigenschaften besitzen, oft mit Vorteil zur Kalibrierung von Meßgeräten verwendet werden und immer mehr an Bedeutung gewinnen. Schließlich ist die Prüfung der Eigenschaften solcher Stoffe, die nicht unmittelbar der Konstruktion oder Kalibrierung von Meßgeräten dienen, bereits frühzeitig von der PTR schon auf Grund der gegebenen Meßmöglichkeiten aufgenommen worden. Hier hat eine gewisse Abgrenzung stattgefunden, indem heute mechanische und chemische Materialprüfungen im wesentlichen von der Bundesanstalt für Materialprüfung oder den Materialprüfungsämtern der Länder durchgeführt werden, während die PTB auf Antrag im allgemeinen nur solche thermischen, elektrischen, magnetischen, optischen, akustischen und radioaktiven Stoffeigenschaften prüft, die sich in wohldefinierten physikalischen Einheiten angeben lassen. Neu hinzugekommen sind nach dem zweiten Weltkrieg wichtige sicherheitstechnische Aufgaben z. B. auf den Gebieten der brennbaren Flüssigkeiten und der explosionsgeschützten Betriebsmittel. Der Arbeitsumfang ist hier dauernd gewachsen. Dies gilt auch für die Prüfungen von Meßgeräten im Sicherheitswesen, sei es, daß sie dem Strahlenschutz oder der Verkehrssicherheit dienen.

Forschung und Prüfung in dem aufgezeigten Rahmen, nicht getrennt, sondern vielfältig miteinander verflochten, bilden auch die Voraussetzung für die Erfüllung der der PTB gesetzlich übertragenen Aufgaben sowie für die Mitarbeit ihrer Wissenschaftler in nationalen oder internationalen Gremien. Zur Einordnung der Arbeit der PTB in die Gesamtheit der physikalischen Wissenschaft in Deutschland gehören ferner die nebenamtliche Lehrtätigkeit einer größeren Anzahl ihrer Angehörigen an Wissenschaftlichen Hochschulen, sowie Mitgliedschaften in Wissenschaftlichen Akademien und Gesellschaften.

Viele der bereits genannten Aufgaben sind im Laufe der Geschichte der PTR/PTB durch Gesetze oder Verordnungen verankert worden, so z. B. durch das Gesetz betr. die elektrischen Maßeinheiten von 1898, durch das Gesetz über die Temperaturskale und Wärmeeinheit von 1924, durch das Maß- und Gewichtsgesetz von 1935, durch Polizeiverordnungen auf dem Gebiet des Sicherheitswesens und neuerdings durch das Atomgesetz von 1959. Die PTB hat als Staatsinstitut der Bundesrepublik für die Darstellung, Aufbewahrung und Entwicklung der physikalischen und technischen Einheiten und die Sicherung der Einheitlichkeit der Maße zu sorgen. Sie hat zu diesem Zweck als technische Oberbehörde bestimmte Verpflichtungen auf dem Gebiet des Eichwesens und bei der Überwachung der Elektrischen Prüfämter. Auf Grund ihrer Verbindung mit der Praxis macht sie Vorschläge zu neuen gesetzlichen Vorschriften oder zu Gesetzesänderungen, beispielsweise zu einem neuen, umfassenden Einheitengesetz. Die PTB prüft und beglaubigt die Hauptnormale der Eichbehörden und der Elektrischen Prüfämter und läßt auf Grund von Bauartprüfungen Meßgeräte zur Eichung oder Beglaubigung zu. Auch viele andere Typenprüfungen, die die PTB durchführt, sind durch gesetzliche Verordnungen vorgeschrieben, oder sie beruhen auf freiwilligen Vereinbarungen mit Industrieverbänden. Sie bilden dann die Voraussetzung für die Zulassung von Meßgeräten, z. B. im Sicherheitswesen, oder sie dienen als Kennzeichen der Güte. Nach dem Atomgesetz ist die

PTB für die Erteilung von Genehmigungen für die Beförderung und Aufbewahrung von Kernbrennstoffen zuständig.

Die Erfüllung der gesetzlichen Aufgaben bedingt neben einer steten Zunahme der Verwaltungstätigkeit eine immer engere Zusammenarbeit mit Behörden und Industrie sowie mit Fachorganisationen des In- und Auslandes. Allein schon wegen der komplizierten Struktur, der Vielgestaltigkeit und der internationalen Verflechtung der modernen Wirtschaft ist eine solche Zusammenarbeit heute in erheblich stärkerem Maße notwendig als vor dem zweiten Weltkrieg. Das findet seinen Ausdruck darin, daß viele Wissenschaftler der Bundesanstalt, teilweise in leitender Eigenschaft, in zahlreichen nationalen und internationalen Gremien mitzuwirken haben, die sich beispielsweise mit der Definition von Einheiten und ihrer bestmöglichen Realisierung (Organe der Meterkonvention), der Vereinheitlichung der Eichvorschriften (Internationale Organisation für das Gesetzliche Meßwesen), mit Fragen der Normung (DNA, VDI, VDE, ISO, IEC) oder mit physikalischen oder physikalisch-chemischen Problemen (VDPG, IUPAP, IUPAC) befassen *). Auch im Rahmen der Entwicklungshilfe sind neue Aufgaben, z. B. die Beratung für den Aufbau von Staatsinstituten oder die Ausbildung von ausländischen Fachkräften, an die Bundesanstalt herangetreten.

Auf diese Weise hat sich zwar der Aufgabenbereich der PTR/PTB erheblich erweitert; im Mittelpunkt aber stehen weiterhin die beiden Grundaufgaben „Forschung und Prüfung" und die verpflichtende Tradition, durch wissenschaftliche Leistungen dem Fortschritt zu dienen.

---

*) DNA = Deutscher Normenausschuß, VDI = Verein Deutscher Ingenieure, VDE = Verband Deutscher Elektrotechniker, ISO = International Organization for Standardization, IEC = International Electrotechnical Commission, VDPG = Verband Deutscher Physikalischer Gesellschaften, IUPAP = International Union for Pure and Applied Physics, IUPAC = International Union for Pure and Applied Chemistry.

II. Aus der Geschichte der PTR

Im Haushaltsgesetz für das Etatjahr 1887/88 waren erstmalig Mittel zur Errichtung der PTR vorgesehen, so daß mit den Planungsarbeiten am 1. April 1887 begonnen werden konnte. *Werner von Siemens* hatte ein Gelände von nahezu 20 000 m² in der Nähe des „Knie" (jetzt Ernst-Reuter-Platz) in Berlin-Charlottenburg zur Verfügung gestellt, auf dem später die erforderlichen Gebäude entstanden. Gemäß der Gründungsdenkschrift war die Anstalt organisatorisch in zwei Abteilungen gegliedert, nämlich in eine physikalische (Abt. I), die sich nur mit wissenschaftlichen Untersuchungen befassen, und in eine technische (Abt. II), die vorwiegend Prüfungsaufgaben durchführen sollte. Beide Abteilungen konnten im Oktober 1887 ihre Tätigkeit in gemieteten oder von der Technischen Hochschule Charlottenburg überlassenen Räumen aufnehmen.

Als erster Präsident der PTR wurde *Hermann von Helmholtz* im Jahre 1888 berufen, ein Gelehrter, der durch seine bahnbrechenden Untersuchungen auf vielen Gebieten der Physik und Physiologie die Naturwissenschaftliche Forschung der zweiten Hälfte des vorigen Jahrhunderts maßgeblich beeinflußt hat. Er übernahm die Präsidentschaft im 66. Lebensjahr, um sich bis zu seinem Tod am 8. September 1894 dem Aufbau des neuen Staatsinstitutes, für das es noch kein Vorbild gab, zu widmen.

Während der Aufbauzeit befaßte sich die 1. Abteilung zunächst mit thermischen und kalorischen Fundamentaluntersuchungen, an die sich vorbereitende Studien über die Ausdehnung von Gläsern, Metallen, Wasser und Quecksilber anschlossen. Dazu kamen später Arbeiten auf elektrischem, magnetischem und optischem Gebiet, z. B. Versuche zur Verwirklichung der Volleschen Lichteinheit, die auf der Strahlung der Oberfläche schmelzenden Platins beruht. Die Anregung und Verpflichtung hierzu hatte *v. Helmholtz* von dem Elektrikerkongreß in Chicago 1893 mitgebracht. Zur gleichen Zeit arbeitete *W. Wien* in der PTR über Wärmestrahlung, und *E. Goldstein* begann als Gast mit seinen Experimenten über die Eigenschaften von Kathodenstrahlen und verwandten Strahlungen.

Das Arbeitsprogramm der 2. Abteilung umfaßte dieselben Gebiete, wenn auch der praktische Nutzen und die Prüfungstätigkeit dabei mehr im

Vordergrund standen. Neben Untersuchungen an Thermometergläsern, elektrischen Normalgeräten, Pyrometern und Metallegierungen wurden schon in den ersten Jahren zahlreiche Meßgeräte, wie Lehren, Thermometer, Barometer, Normalelemente, elektrische Widerstände, Hefnerlampen und Stimmgabeln, geprüft. Eines der wichtigsten Ergebnisse dieser Zeit war auf Grund systematischer Versuche von *Feussner* und *Lindeck* die Einführung des Manganins als Werkstoff für Präzisionswiderstände.

Hermann von Helmholtz' Nachfolger *Friedrich Kohlrausch*, der die PTR von 1895 bis 1905 leitete, konnte sich schon auf ein festgefügtes Fundament stützen. Bei seinem Amtsantritt war der erste größere Bau auf dem PTR-Gelände, das sog. Observatorium, bereits fertiggestellt und von der 1. Abteilung bezogen. Mit der Vollendung der übrigen Gebäude, insbesondere des Hauptgebäudes für die Abteilung II im Jahre 1897, kann der erste Aufbau der jungen Anstalt nicht nur in baulicher, sondern auch in personeller und apparativer Hinsicht im wesentlichen als abgeschlossen gelten. Der weitere Ausbau vollzog sich von diesem Zeitpunkt ab in dem Rahmen, der durch die Entwicklung der Physik und Technik vorgezeichnet war.

Von den zahlreichen wissenschaftlichen Untersuchungen, die an der PTR um die Jahrhundertwende ausgeführt wurden, mögen hier nur zwei wegen der bedeutenden Auswirkungen erwähnt werden, die sie für die Wissenschaft oder Wirtschaft in der Folgezeit gehabt haben. Die Präzisionsmessungen von *O. Lummer* und Mitarbeitern über die spektrale Energieverteilung der Hohlraumstrahlung führten *Max Planck* zu seiner bekannten Strahlungsformel und damit zur Quantentheorie, die das Zeitalter der modernen Physik einleitete. Auch das Wiensche Näherungsgesetz geht auf Präzisionsarbeiten in der PTR zurück. Etwa um dieselbe Zeit erkannte *E. Gumlich* auf Grund magnetischer Untersuchungen die große wirtschaftliche Bedeutung silizierter Eisenbleche für den Bau von Transformatoren und Dynamomaschinen. Durch die Verwendung solcher Bleche konnten die Wirbelstromverluste erheblich vermindert werden. *Gumlichs* Anregungen aus dem Jahre 1901 veranlaßten die industrielle Herstellung legierter Bleche in Deutschland. Von hier verbreiteten sie sich über die ganze Welt.

Mit der stürmischen Entwicklung der Elektrowirtschaft, die zu einer einheitlichen Regelung des elektrischen Meßwesens drängte, fielen der PTR erstmalig auch gesetzliche Aufgaben zu. Im Gesetz über die elektrischen Größen und Einheiten von 1898 wurden ihr die Darstellung und Betreuung der elektrischen Einheiten und die Überwachung der Meßgeräte zur elektrischen Energieversorgung übertragen. Der rasch wachsende Umfang dieser Arbeiten zwang bald dazu, die Routinemessungen an elektrische Prüfämter zu delegieren. Die PTR behielt sich selbst nur die Zulassung neuer Gerätebauarten und die Kontrolle der Normale und Meßeinrichtungen der Prüfstellen vor.

Auch auf internationaler Ebene hatte die junge PTR an Bedeutung und Ansehen gewonnen. Aus dem Ausland kamen offizielle Besucher, die ihre Organisation zwecks Errichtung ähnlicher Staatsinstitute in England und den USA kennen lernen wollten. In der PTR selbst tagten internationale Konferenzen, und ihre Wissenschaftler nahmen an allen größeren nationalen und internationalen Tagungen teil, auf denen metrologische Fragen zur Diskussion standen.

Kohlrausch schied am 1. Mai 1905 aus dem Dienst der PTR aus. An ihn erinnert auch sein Lehrbuch „Praktische Physik", das bis auf den heutigen Tag unter seinem Namen erscheint und nach seinem Tod fast ausschließlich von Angehörigen der PTR oder PTB bearbeitet und jeweils auf den neuesten Stand gebracht worden ist.

Noch im Jahre 1905 übernahm *Emil Warburg*, der an der Universität Berlin wirkte und durch seine photochemischen Arbeiten hervorgetreten war, die Leitung der PTR bis zu seiner Pensionierung im Jahre 1922. Während seiner Präsidentschaft ergab sich bald die Notwendigkeit einer Erweiterung und Vermehrung der Laboratorien, um neue dringende Aufgaben in Angriff nehmen zu können. So wurde im Jahre 1912 das Laboratorium für Radioaktivität ins Leben gerufen, in dem *H. Geiger* seinen Spitzenzähler fand und zu einem Gerät entwickelte, das vor allem in den späteren Abwandlungen als Auslöse- und Proportionalzählrohr der Erforschung elementarer Strahlungsvorgänge bis auf den heutigen Tag außerordentliche Dienste geleistet und zahlreiche praktische Anwendungen gefunden hat.

Um die Bedürfnisse der Elektrotechnik zu befriedigen, wurde 1913 ein Starkstromlaboratorium gebaut, das für Ströme bis 13 000 Ampere und auch für Spannungen über 100 kV eingerichtet war. Im gleichen Jahr konnte ferner ein Zweiglaboratorium auf dem Telegraphenberg in Potsdam in Betrieb genommen werden. Es war für Untersuchungen vorwiegend magnetischer Art bestimmt, die wegen der magnetischen Störungen und mechanischen Erschütterungen in Charlottenburg nicht mehr möglich waren.

Hermann von Helmholtz

Friedrich Kohlrausch

Emil Warburg

Eine bedeutungsvolle Amtshandlung *Warburgs* war die im Jahre 1914 vollzogene Neuorganisation der PTR, die zur Harmonisierung des Zusammenwirkens der beiden bisher bestehenden Abteilungen notwendig geworden war. Es wurden drei große Abteilungen für Licht (I), Elektrizität (II) und Wärme (III) gebildet, deren jede sich in zwei Unterabteilungen — eine rein wissenschaftliche (a) und eine technisch-wissenschaftliche (b) — gliederte. Jede Abteilung unterstand einem Direktor, der für gute Zusammenarbeit der beiden Unterabteilungen zu sorgen hatte. Drei Laboratorien, nämlich das präzisionsmechanische, das chemische und das störungsfreie Laboratorium auf dem Telegraphenberg in Potsdam blieben dem Präsidenten unmittelbar unterstellt.

Warburgs Wirken war jedoch noch in anderer Beziehung bedeutsam. Er erkannte auf Grund seiner Universalität den sich vollziehenden Umschwung von der klassischen zur modernen Physik und förderte die neue Richtung zum Nutzen mancher Arbeitsgebiete der PTR. So ist es zu verstehen, wenn er als Gastmitarbeiter *Einstein* und *de Haas* an die PTR heranzog, die dort in den Jahren 1914/15 den nach ihnen benannten gyromagnetischen Effekt entdeckten.

Warburgs Nachfolger wurde *Walter Nernst*, der Nobelpreisträger für Chemie des Jahres 1920, den es nur zwei Jahre (1922 bis 1924) an der PTR hielt. Er hat es meisterhaft verstanden, die Anstalt über die schwierige Inflationszeit hinwegzuführen. Seiner Initiative ist es zu danken, daß im Jahre 1923 die Reichsanstalt für Maß und Gewicht (vormals Kais. Normaleichungskommission) als Abteilung I in die PTR eingegliedert wurde. Damit war eine Vereinheitlichung der Präzisions-Grundlagen des Meßwesens im gesamten Reichsgebiet erreicht, und eine große Anzahl neuer gesetzlicher Aufgaben ging auf die PTR über. Gleichzeitig wurde folgende Neugliederung der Abteilungen vorgenommen: Abteilung I (Maß und Gewicht), Abteilung II (Elektrizität), Abteilung III (Wärme und Druck), Abteilung IV (Optik). Die Trennung in wissenschaftliche und wissenschaftlich-technische Unterabteilungen entfiel und machte der Gliederung der Abteilungen in Laboratorien Platz. Für sie alle bildete die wissenschaftliche Arbeit die Grundlage. Dem Präsidenten unmittelbar unterstellt blieben die Laboratorien für Radioaktivität, Feinmechanik und Chemie sowie Hauptwerkstatt und Hauptbibliothek.

Mit der Erweiterung der Aufgaben und der Vergrößerung des wissenschaftlichen und technischen Personalbestandes war auch eine starke Zunahme der Verwaltungstätigkeit verbunden. Um den Präsidenten, der bisher zu sehr durch Verwaltungsgeschäfte beansprucht war, zu entlasten, wurde im Jahre 1922 die Stelle eines Verwaltungsleiters geschaffen, die mit einem bewährten Verwaltungsfachmann aus dem Postdienst, Oberregierungsrat *C. Zimmermann*, besetzt werden konnte.

Nicht unerwähnt darf bleiben, daß *Nernst* im Jahre 1922 *Walter Noddack* an die PTR verpflichtete, wo dieser zusammen mit seiner Frau 1925 das Element Rhenium entdeckte, und daß während Nernsts Amtszeit *Walther Bothe* an der PTR seine berühmte Untersuchung über die Gültigkeit des Energiesatzes bei den elementaren Strahlungsvorgängen mit Hilfe der Koinzidenzmethode ausführte, für die er nach dem 2. Weltkrieg mit dem Nobelpreis ausgezeichnet wurde.

Nachfolger von *Nernst* wurde der bekannte Spektroskopiker *Friedrich Paschen*, zuletzt Professor in Tübingen. In seine Amtsperiode (1924 bis 1933) fällt vor allem die Errichtung des Kältelaboratoriums, damals eines der ersten seiner Art, in dem später *Meißner* und *Ochsenfeld* den nach ihnen benannten Effekt der Verdrängung des Magnetfeldes aus Supraleitern beim Eintritt der Supraleitung fanden. Der geplante Aufbau weiterer Laboratorien kam infolge der nach 1928 sich immer mehr zuspitzenden Wirtschaftskrise nicht zustande.

Die Entwicklung der modernen Physik zwang dazu, einen erfahrenen Theoretiker als Berater heranzuziehen. Hierfür konnte im Jahre 1925 *Max von Laue*, damals Professor für theoretische Physik an der Universität Berlin, gewonnen werden. Er wurde der PTR ein treuer Freund und Förderer und hat sich besonders auch in der Zeit nach dem 2. Weltkrieg tatkräftig für den Neuaufbau der PTB eingesetzt (s. S. 20).

Es folgt die Zeit nach 1933, in der der Nobelpreisträger *Johannes Stark* die Präsidentschaft bis 1939 innehatte. Als Gegner der modernen physikalischen Theorien hatte er nicht immer eine glückliche Hand. Die PTR erlebte damals infolge der nationalsozialistischen Rassengesetzgebung den bedauernswerten Fortgang einiger angesehener Wissenschaftler. Sie mußte sich auch von den Physikalischen Berichten trennen; Kuratorium und Vollversammlung sowie die Stelle des theoretischen Beraters wurden abgeschafft. Es muß jedoch anerkannt werden, daß *Stark* manche Arbeitsgebiete der PTR auf eine breitere Basis gestellt oder neu erschlossen hat, so die Akustik, die Röntgenphysik und -technik, die Frequenzmessung (Quarzuhren), die Großgaszählerprüfung, die Schmiertechnik und die optischen Prüfungen verkehrstechnischer Geräte. Durch Verordnung des Reichswirtschaftsministers vom 25. Juni 1934 wurde der PTR ferner die Zulassung mechanisch betriebener Spiele übertragen.

Physikalisch-Technische Bundesanstalt

Aufgaben

Natur- und ingenieurwissenschaftliche Forschungsarbeiten, insbesondere auf metro
gischem Gebiet — Realisierung physikalischer Einheiten und Bereithaltung von Normalen
Präzisionsbestimmung physikalischer Konstanten und Fixpunkte — Bauartprüfungen
Dienste der öffentlichen Sicherheit, des Wirtschaftsverkehrs, des Gesundheitsdienstes u
des Verbraucherschutzes — Zulassung von Meßgeräten zur Eichung — Ausarbeitu
technischer Vorschriften und Regeln — Mitwirkung in nationalen und internationa
Fachgremien — Auftragsprüfung von Geräten und Stoffeigenschaften.

Veröffentlichungen

PTB-Mitteilungen

Amtliches Fachorgan der PTB — Wissenschaftliche Fachbeiträge und Kurzabhandlungen
Meßtechnik, Sicherheitstechnik, Eich- und Prüfpraxis, Verfahrenstechnik, Maß- u
Eichrecht, amtliche Bekanntmachungen, internationale Zusammenarbeit, Information

**Wissenschaftliche
Abhandlungen**

Sammlung von Sonderdrucken ausgewählter Originalveröffentlichungen aus der P
die in anderen natur- und ingenieurwissenschaftlichen Fachzeitschriften erschienen si

Tätigkeitsbericht

Jährlich erscheinender Bericht mit Kurzmitteilungen über die Tätigkeit der Laborator
und Fachreferate über Fachtagungen und Personalnachrichten.

**Persönliche
Veröffentlichungen**

der wissenschaftlichen Mitarbeiter der PTB in einschlägigen Fachzeitschriften — Bu
veröffentlichungen — Mitarbeit an wissenschaftlichen Werken (siehe die Zusamm
stellungen in den PTB-Mitteilungen und im Tätigkeitsbericht).

Geländeplan der PTB Braunschweig und Berlin

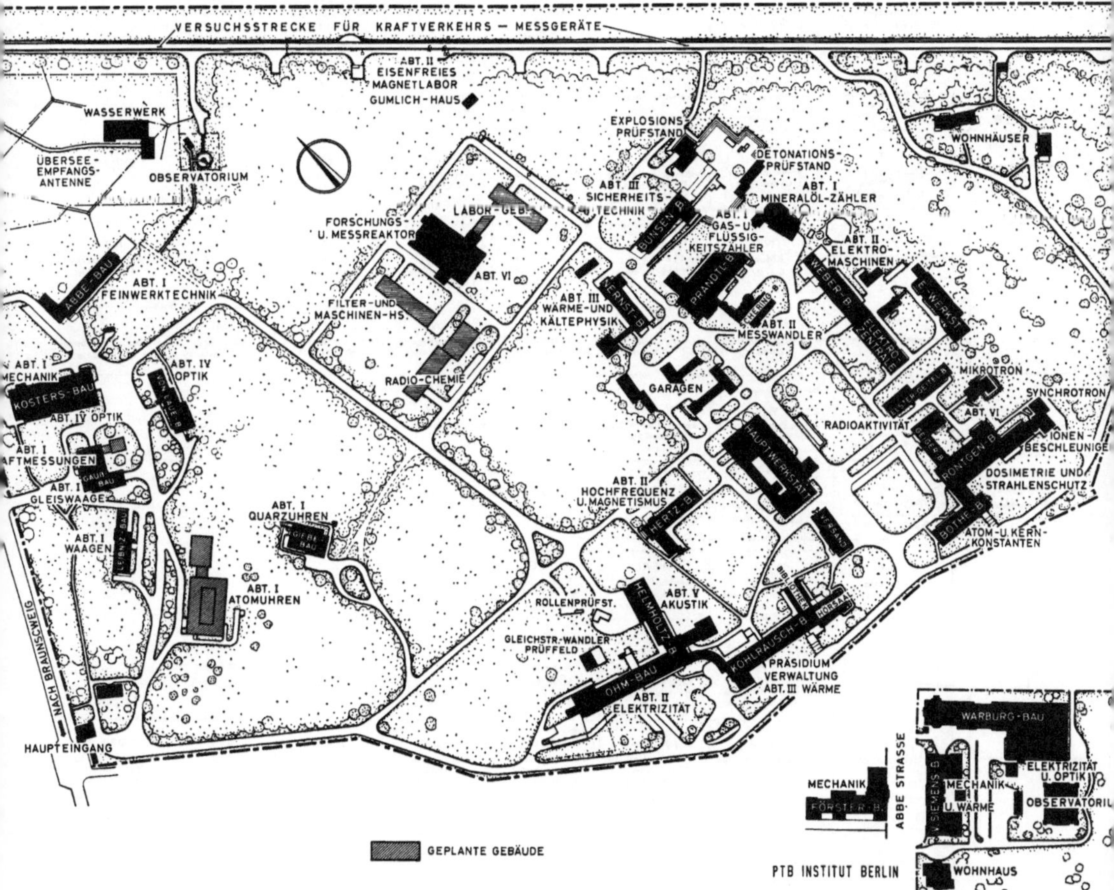

Organisation der PTB

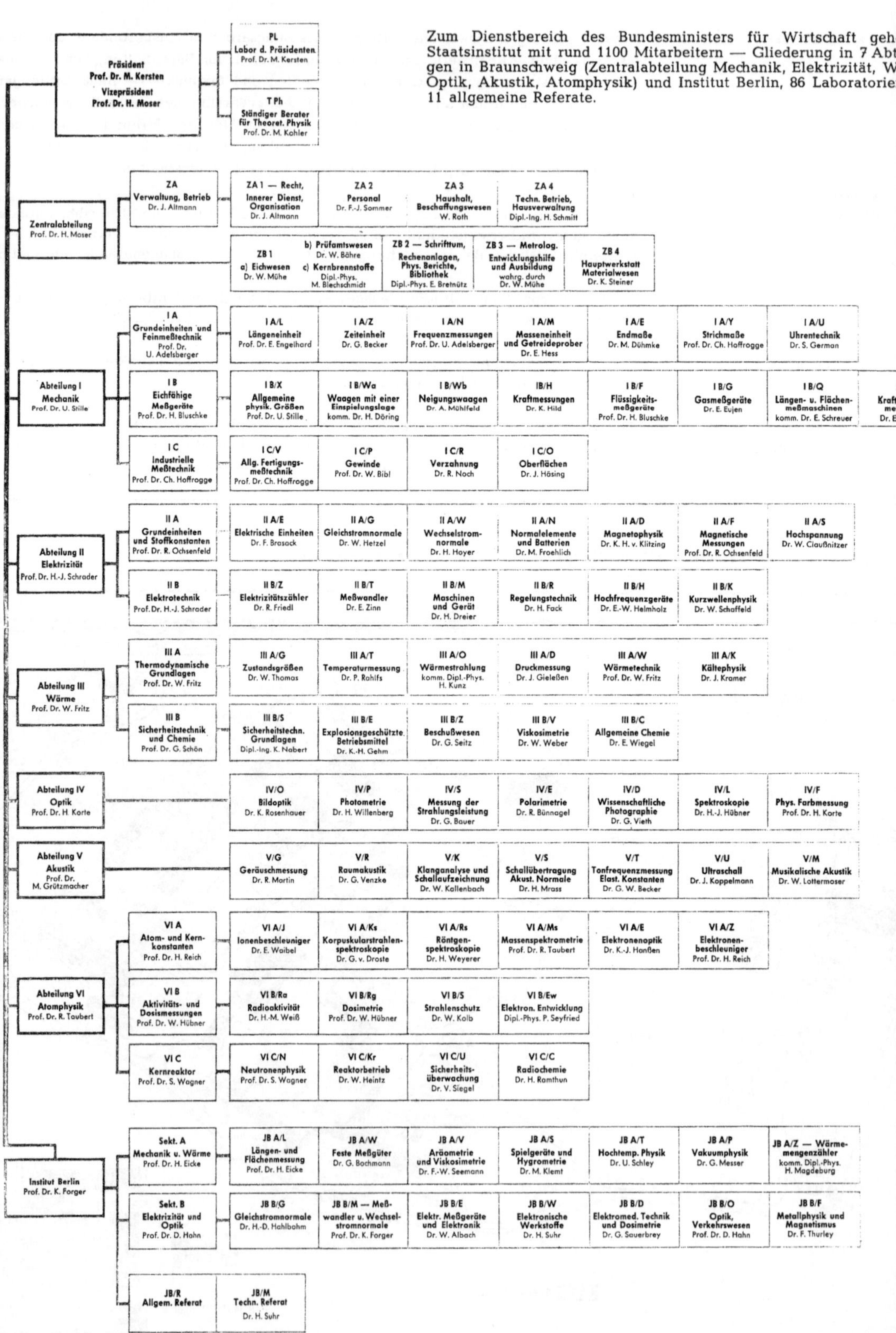

Walter Nernst

Friedrich Paschen

Johannes Stark

Abraham Esau

Hand in Hand mit den sich auf diese Weise immer mehr vergrößernden Aufgaben nahm auch die Zahl der wissenschaftlichen und technischen Mitarbeiter zu, wie aus der Zusammenstellung in Tabelle 1 hervorgeht.

Tabelle 1. Personelle Entwicklung der PTR bis 1937

im Jahre	1898	1904	1912	1920	1927	1932	1937
Wissenschaftliche Beamte und Angestellte	35	37	49	49	83	97	130
Technische Beamte und Angestellte, sonstige Hilfskräfte	36	56	86	99	150	162	255
Verwaltung	9	11	13	16	29	33	58
Gesamtzahl	80	104	148	164	262	292	443

Die PTR hatte im Jahre 1937 nahezu 80 Laboratorien, die in den Gebäuden auf dem alten PTR-Gelände nicht mehr untergebracht werden konnten. In zwei Fabrikgebäuden in der Franklinstraße und in der Köpenicker Landstraße sowie in einem Hochhaus am Knie ließen sich Ausweichmöglichkeiten für mehrere Laboratorien schaffen. Gleichzeitig befaßte man sich mit Plänen für einen Neubau der PTR, der jedoch wegen Ausbruch des Krieges nicht mehr verwirklicht werden konnte. Um bei dem wachsenden Aufgabenbereich den Präsidenten zu entlasten, wurde 1938 die Stelle eines Ständigen Vertreters geschaffen und Prof. Dr. *G. Moeller*, der vom Heereswaffenamt zur PTR übergetreten war, übertragen.

Starks Nachfolger *Abraham Esau*, Professor in Jena und bekannt durch seine grundlegenden Untersuchungen auf dem Mikrowellengebiet, war eine Weiterentwicklung der PTR im Frieden nicht vergönnt. Kurz nach seinem Amtsantritt im Jahre 1939 brach der 2. Weltkrieg aus, bis zu dessen Ende er die PTR leitete.

Infolge der zu groß gewordenen Zahl der verschiedenartigen Laboratorien in der Präsidialabteilung war es 1939 notwendig geworden, diese in zwei neue Abteilungen, nämlich die Abteilung V für Atomphysik und Physikalische Chemie sowie die Abteilung VI für Mechanik und Akustik aufzuteilen und je einem Direktor zu unterstellen.

Während des 2. Weltkrieges wurden die Arbeiten der PTR in Berlin-Charlottenburg zunächst im alten Umfange weitergeführt. Die zunehmenden Fliegerangriffe machten schließlich eine Verlegung notwendig. Vom Herbst 1943 an war der größte Teil der PTR in Weida (Thüringen) in besonders hierfür hergerichteten Räumen einer ehemaligen Lederfabrik untergebracht. Die Hochfrequenzlaboratorien kamen in Zeulenroda (Thüringen), die Abteilung V in Ronneburg (Thüringen) und die akustischen Laboratorien in Warmbrunn (Schlesien) unter. Einige kleinere Gruppen waren durch die Art ihrer Tätigkeit gezwungen, andere Ausweichmöglichkeiten zu suchen; ein Rest verblieb in Berlin-Charlottenburg. In den Verlagerungsorten konnte die PTR ihre Arbeiten bis Kriegsende fortsetzen.

Mit dem Zusammenbruch im Mai 1945 endete praktisch die Wirksamkeit der PTR als Staatsinstitut des Deutschen Reiches. Die in Weida in Thüringen verbliebene Hauptstelle wurde nach dem Abzug der amerikanischen Streitkräfte unter sowjetische Militäradministration gestellt und ging schließlich nach der Demontage des größten Teiles ihrer wertvollen Einrichtungen im Jahre 1946 in das Deutsche Amt für Maß und Gewicht der sowjetischen Besatzungszone über. Die kurz vor und nach dem Ende des Krieges nach Westdeutschland verschlagenen PTR-Gruppen bildeten die Keimzellen für den Aufbau der PTB in Braunschweig.

III. Aus der Geschichte der PTB

A. Die ersten Nachkriegsjahre (1945—1949)

Der 8. Mai 1945, der Tag des Waffenstillstandes zwischen Deutschland und den alliierten Mächten, sah auch die PTR in völliger Hilflosigkeit und Zerrissenheit. Die aus Berlin-Charlottenburg nach Weida in Thüringen ausgewichene Hauptstelle der PTR war zwar halbwegs arbeitsfähig; viele Zweigstellen jedoch, insbesondere die im Kriege in östliche Quartiere verlagerten Arbeitsgruppen, waren nach einer erneuten Verlegung in den Westen nur äußerst notdürftig untergekommen und hatten zudem die meisten Geräte, oft auch viele ihrer Mitarbeiter verloren.

Die akustische Gruppe (Leiter Oberregierungsrat Dr. *M. Grützmacher*) war noch im Kriege von Warmbrunn in Schlesien nach Göttingen übergesiedelt, hatte dort auf dem Flugplatz eine — wie sich bald zeigte — sehr unsichere Zuflucht gefunden, konnte dann aber kurz vor dem Einrücken der amerikanischen Truppen eine Steinbaracke in der Brüder-Grimm-Allee beziehen. In Eckernförde hatte sich eine über See geflüchtete Zweigstelle (Leiter Regierungsrat Dr. *E. Rieckmann)* niedergelassen. In Herbstein in Hessen, ebenso in Tübingen und Konstanz waren Splittergruppen hängengeblieben. Die Verbindung zwischen diesen Gruppen und Berlin oder Weida war völlig abgebrochen. Gehälter wurden nicht mehr überwiesen. Jede Stelle mußte sich um Anerkennung und um Arbeitsmöglichkeiten selbst bemühen.

Noch vor der endgültigen Besetzung von Weida durch russische Truppen wurden am 24. Juni 1945 die in der Nähe von Weida in Zeulenroda tätigen Wissenschaftler der PTR durch amerikanische Dienststellen in den westlichen Teil Deutschlands übergeführt. In Heidelberg entstand so eine größere Zweigstelle, die weitgehend arbeitsfähig war. Ihr Leiter war Oberregierungsrat Dr. *A. Scheibe.*

Mit einer gewissen Stabilisierung der Verhältnisse erwachte naturgemäß der Wunsch, alle Splitter der PTR wieder an einen Ort zusammenzuführen. Allerdings bildete sich gleichzeitig immer unerbittlicher der „Eiserne Vorhang" zwischen Mittel- und Westdeutschland aus, so daß die in den Westen verschlagenen Zweigstellen nur eine Vereinigung innerhalb ihrer Besatzungszonen anstreben konnten.

Naheliegend war das Bestreben sowohl der Göttinger wie der Heidelberger Zweigstelle, jeweils an dem vorläufigen Unterkunftsort endgültig Fuß zu fassen. Diese Bemühungen waren jedoch, ebenso wie erste Verhandlungen mit den Städten München, Frankfurt und Hamburg wenig erfolgreich, wurden auch bald durch das Projekt Braunschweig überholt, das schon im Sommer 1946 konkrete Formen annahm.

In Göttingen hatte sich zur Unterstützung des Zweigstellenleiters ein sogenannter „Präsidialausschuß" gebildet. Ihm gehörten die Professoren *W. Heisenberg, H. Kopfermann, M. v. Laue* und *R. W. Pohl* an. Prof. *M. v. Laue* war Vorsitzender (s. S. 14). Dieser Ausschuß hatte dem Leiter der Dienststelle „Research Branch" der englischen Militärregierung, Herrn Dr. *Ronald Fraser* die mißliche Lage der PTR geschildert, und schon im Frühjahr 1946 fragte Herr *Fraser*, der den schwierigen Problemen der PTR sehr verständnisvoll gegenüberstand, an, ob wohl die bei Braunschweig gelegene, zur Zeit verwaiste, jedoch weitgehend unzerstörte motorentechnische Abteilung der Forschungsanstalt für Luftfahrt für die PTR in Betracht käme.

Eine erste Besichtigung dieses Geländes durch Herrn *Grützmacher* zusammen mit Herrn *Fraser* am 20. Juli 1946 — damals noch im englischen Jeep und unter den unerfreulichen Aspekten der Demontage und der kaum übersehbaren „Non-Fraternisation" — ergab zweifelsfrei, daß kaum ein besseres und gerade für die PTR geeigneteres Gelände mit Laboratoriumsgebäuden gefunden werden könnte.

Der Beschluß, nach Braunschweig überzusiedeln, war bald gefaßt. Schon im Januar 1947 wurde ein Vortrupp von wenigen Wissenschaftlern und Technikern von Göttingen nach Braunschweig abgeordnet. Die englische Dienststelle „Research Branch" schickte als ihren Beauftragten Herrn *O'Keefe*. Er sollte der PTR in den ersten schwierigen Zeiten behilflich sein und hat dies auch in geschickter und fairer Weise getan. Die vorläufige Leitung der Braunschweiger Dienststelle wurde Herrn Oberregierungsrat Dr. *Grützmacher* übertragen.

Damals glaubten die englischen Dienststellen, daß die PTR allein das zur Verfügung stehende Gelände nicht ausfüllen könne und brachten noch die „Fernmelde-Studien-Gesellschaft" (FSG), ein Forschungsinstitut der Reichspost (Leiter Dr. *Otterbein*), dorthin. Glücklicherweise wurde diese Gruppe schon im Mai 1948 nach Darmstadt verlegt, so daß von diesem Zeitpunkt ab das gesamte Areal der PTR zur Verfügung stand.

Max von Laue

In der Folgezeit waren noch große Schwierigkeiten zu überwinden. Erst allmählich formte sich aus zwei Zonen eine Bi-Zone und dann eine Tri-Zone. Das „Verwaltungsamt für Wirtschaft des amerikanischen und britischen Besatzungsgebietes" in Minden (Leiter Dr. *Agartz*) als vorgesetzte Dienststelle wurde 1948 von der „Verwaltung für Wirtschaft des Vereinigten Witschaftsgebietes" (Direktor Professor Dr. *L. Erhard*) in Frankfurt a. M. und dieses im Jahre 1949 mit der Gründung der „Bundesrepublik Deutschland" von dem Wirtschaftsministerium der Bundesrepublik (Bundesminister *Erhard*) in Bonn abgelöst. Die „Physikalisch-Technische Reichsanstalt (PTR)" verwandelte sich gemäß Satzung vom 14. Februar 1949 in eine „Physikalisch-Technische Anstalt des Vereinigten Wirtschaftsgebietes" (PTA) [vgl. Amtsblatt Nr. 1 (1950) S. 1], um dann gemäß Verordnung vom 8. September 1950 (BGBl I S. 678) die Bezeichnung „Physikalisch-Technische Bundesanstalt" (PTB) zu erhalten.

Immer noch hatte die Militärregierung ein entscheidendes Wort mitzureden. Wenn auch die örtlichen Instanzen der Anstalt wohlgesonnen waren, so stand doch oft ein grundsätzlicher Beschluß, der sich aus der Entmilitarisierung herleitete, drohend über ihr. Manches Gebäude, das gesprengt werden sollte, war schon für die „Eigen-Demontage" freigegeben, d. h. es durften von jedem für den eigenen Bedarf die letzten nützlichen Einrichtungen, wie Fenster, Türen, ja sogar Fußböden entfernt werden, ehe in letzter Stunde eine Aufhebung des Sprengbefehls erwirkt werden konnte. Hier sind besonders die unermüdlichen Bemühungen des Herrn Professors *v. Laue* und die Hilfe von Sir *Charles Darwin*, dem Direktor des National Physical Laboratory (NPL) in London, dankbar zu erwähnen.

Vielleicht wird die damalige Lage der PTR am besten durch die letzten Sätze des Tätigkeitsberichtes für das Jahr 1947 charakterisiert. Sie lauten:

... „Durch die Eingliederung der Eichbehörden in die Länderverwaltungen sind insofern vielfach Mißverständnisse entstanden, als einzelne Länderverwaltungen glauben, auch die technische Aufsicht führen und technische Anweisungen auf dem Gebiet des amtlichen Prüfwesen geben zu müssen. Die Klärung und Richtigstellung solcher Angelegenheiten belastet den Geschäftsverkehr und erschwert die Durchführung der gesetzlichen Funktion der PTR.

Auch dürfen die örtlichen nachteiligen Verhältnisse nicht übersehen werden. Die Verbindungen mit öffentlichen Verkehrsmitteln zum Stadtzentrum sind unzureichend, so daß die Mitarbeiter bei Arbeiten nach Schluß der Dienstzeit ihre Wohnungen nur in einem mindestens $^3/_4$ stündigen Weg zu Fuß erreichen können. Schließlich wird der Aufbau der PTR besonders durch den Mangel an Wohnraum gehemmt. Der Wohnungsmangel ist so katastrophal, daß die Verlegung von Laboratorien nach Braunschweig unterbrochen werden mußte, oder daß geeignete Mitarbeiter nicht gewonnen werden konnten, weil es nicht möglich war, auch nur vorübergehend ein Quartier zu beschaffen."

Der gleiche Bericht meldet jedoch auch schon stolz folgende Zahlen von planmäßigen und außerplanmäßigen Bediensteten: 38 Wissenschaftler, 47 Techniker und Angehörige der Verwaltung und 20 Arbeiter.

Allerdings können die Laboratorien nur schwach besetzt gewesen sein; denn nach dem Gliederungsplan besaß die damalige PTR schon 31 Laboratorien, die sich auf 4 Abteilungen „Mechanik", „Elektrizität", „Wärme und Druck" und „Optik" verteilten.

In der ersten Hälfte des Jahres 1948 hat die Ausarbeitung des sogenannten „Statuts" der PTA, das die Aufgaben der neu errichteten Anstalt festlegen sollte und sowohl von den deutschen wie auch von den amerikanischen, englischen und französischen Dienststellen gebilligt werden mußte, viel Arbeit verursacht. Daß es schließlich am 2. Juni 1948 unterzeichnet werden konnte, ist nicht zuletzt den Herren der Militärverwaltungen *Ronald Fraser* (England), *Carl H. Nordstrom* (USA) und *A. Lutz* (Frankreich) zu danken.

Nach diesem „Statut" war die PTA „technische Oberbehörde für das Maß-, Gewichts- und Eichwesen in der amerikanischen, britischen und französischen Zone". Die Dienstaufsicht oblag der „Verwaltung für Wirtschaft des Vereinigten Wirtschaftsgebietes". Die Bildung eines „Kuratoriums" wurde festgelegt und die alljährliche Einberufung der „Vollversammlung" der PTA zur Pflicht gemacht. Auch die der PTA übertragenen Aufgaben werden in dem Statut im einzelnen aufgeführt. Sie sind im wesentlichen die der alten PTR geblieben [s. hierzu die gleichlautende Satzung der PTB Amtsblatt Nr. 1 (1950) S. 1].

Naturgemäß verstärkten sich Anfang des Jahres 1948 die Bemühungen um einen Präsidenten für die neuentstehende Anstalt. Leider zeigte sich, daß es äußerst schwierig war, einen der bekannten Physiker für die PTA zu gewinnen. Mehrere Vorschläge des Präsidialausschusses erwiesen sich als undurchführbar. Offenbar besaß diese Anstalt in ihrer provisorischen Form keine besondere Anziehungskraft. Auch war die Gesamtentwicklung in Deutschland noch zu unübersichtlich. Welche Probleme neben anderen damals noch im Vordergrund standen geht aus dem nachstehenden Auszug aus einer Denkschrift eines der Befragten vom November 1947 deutlich hervor:

„Unter den heutigen Verhältnissen ist die Sicherstellung einer genügenden Ernährung des Personals unerläßlich. Diesem Zweck soll zunächst die Bereitstellung von einer warmen Mittagmahlzeit dienen, für welche Sonderzuteilungen in Lebensmitteln bewilligt werden müssen. Außerdem sind dem Präsidenten Sonderkarten für Lebensmittel, zweckmäßig in Form von Reisemarken in Höhe von 40 000 Kalorien täglich zur Verfügung zu stellen für Mitarbeiter, von denen besonders hohe Leistungen verlangt werden. Diese Extrazulagen sollen nicht nach dem Dienstrang oder nach der Stellung verteilt, sondern ausschließlich nach der Höhe der Beanspruchung, nach der Leistung und nach der körperlichen Verfassung des Betreffenden durch den Präsidenten nach seinem Ermessen gegeben werden. Sie sollen namentlich auch dazu dienen, die Ernährung auf Dienstreisen sicherzustellen."

„Ich betrachte die Bewilligung der Lebensmittelzulagen als eine Voraussetzung sine qua non für den Aufbau der PTR."

Unter diesen Umständen wurde schließlich von dem ungeschriebenen Gesetz, keinen Präsidenten aus der Reihe der Anstaltsangehörigen zu wählen, abgewichen und Herrn Professor Dr. *W. Kösters*, dem langjährigen Direktor der Abteilung I der früheren PTR das Amt des Präsidenten angeboten. Professor *Kösters*, der damals die Berliner Rest-„PTR" leitete, versagte sich auch, trotz seines vorgeschrittenen Alters, diesem Rufe nicht und trat am 1. August 1948 in Braunschweig sein Amt als Präsident der PTA an. Mit ihm siedelten eine ganze Reihe alter PTR-Angehöriger aus Berlin wie aus Heidelberg und aus Weida nach Braunschweig über, so daß der Aufbau der Anstalt einen sehr erwünschten Impuls erhielt. Neben den traditionellen Aufgaben wurden in dieser Zeit auch neue Arbeitsgebiete übernommen. Einmal wurde ein Laboratorium für Elektronenmikroskopie, das für viele moderne Forschungsarbeiten unentbehrlich ist, eingerichtet, zum anderen wurden Teilgebiete der „Sicherheitstechnik" (brennbare Flüssigkeiten, explosionsgeschützte Betriebsmittel und ziviles Beschußwesen), die früher bei der Chemisch-Technischen Reichsanstalt beheimatet waren, in die PTA übernommen. Diese Bereiche sind inzwischen weiter angewachsen und bilden heute einen wichtigen Teil der Aufgaben der Abt. II, III und VI der PTB.

B. Die Aufbauzeit (1949—1962)

Allmählich konsolidierten sich die Verhältnisse. Die Anstalt hatte einen planmäßigen Etat. Sie ressortierte bei dem Wirtschaftsministerium der neu gebildeten Bundesrepublik Deutschland. Die Aufgaben blieben im wesentlichen die der alten PTR. Der Aufbau konnte sich in einem Rahmen vollziehen, der in vieler Beziehung normal genannt werden darf.

Die folgende Zeit kann daher kürzer behandelt werden, denn einmal bestehen von jetzt ab ordnungsgemäß angefertigte Tätigkeitsberichte, die in den jährlich erschienenen „Wissenschaftlichen Abhandlungen der PTB" nachgelesen werden können, zum anderen ist in der vorliegenden Festschrift der nun einsetzenden regen Bautätigkeit, die immer ein wesentliches Merkmal eines Neuaufbaues darstellt, ein besonderer Abschnitt gewidmet (s. S. 38).

Am 20. und 21. März 1950 trat erstmalig das neu ernannte Kuratorium zu einer Sitzung in den Räumen der Bundesanstalt zusammen. Das Präsidium übernahm der Leiter der Hauptabteilung II des Bundesministeriums für Wirtschaft, Herr *L. Kattenstroth.* Zum Vizepräsidenten des Kuratoriums wurde in Würdigung der Verdienste des Gründers des Hauses Siemens um die PTR Dr. *Hermann v. Siemens* ernannt.

Leider war es dem Präsidenten *Kösters* nicht vergönnt, der Anstalt, der er sich so uneigennützig zur Verfügung gestellt hatte, auch in etwas ruhigeren Zeiten zu dienen. Am 28. Juli 1950 verstarb er plötzlich während eines Urlaubs in seiner Heimatstadt Münster in Westfalen. Die Anstalt ist ihm, der schon über ein Menschenalter die Geschicke der alten PTR an führender Stelle mitgestaltet hatte, zu besonderem Dank verpflichtet. Er hat es hervorragend verstanden, die so reiche Tradition dieser Institution auf die junge, schnell aufstrebende Nachfolgerin zu übertragen.

In der Zeit des nun folgenden Interregnums vom 28. Juli 1950 bis zum 1. Oktober 1951 war Direktor Dr. *A. Scheibe* mit der Wahrnehmung der Geschäfte des Präsidenten beauftragt.

In seine Amtszeit fiel am 5. und 6. März 1951 die zweite Kuratoriumssitzung, die als neuen Präsidenten Herrn Professor Dr. *Richard Vieweg* nominierte. Professor *Vieweg* wirkte damals an der TH Darmstadt als ordentlicher Professor und hatte sich besonders durch Arbeiten auf dem Gebiete der Kunststoffphysik einen bedeutenden wissenschaftlichen Namen erworben. Seine Ernennung zum Präsidenten durch den Herrn Bundespräsidenten erfolgte mit Urkunde vom 19. Juni 1951, der Dienstantritt war erst am 1. Oktober möglich. Die feierliche Amtseinführung nahm der Bundesminister für Wirtschaft Professor Dr. *L. Erhard* am 17. November 1951 in der PTB, und zwar in der damaligen Hochspannungshalle des Ohm-Baues, vor.

Die Tätigkeit des Präsidenten *Vieweg* war in vieler Hinsicht besonders segensreich für die PTB. Er kannte, als er das Amt des Präsidenten übernahm, die Anstalt bereits aus eigener Anschauung, da er vor seiner Berufung zum ordentlichen Professor der TH Darmstadt von 1923 bis 1935 der PTR angehört und dort zuletzt als Regierungsrat a. M. das Hochspannungslaboratorium geleitet hatte. Zudem war er durch seine Hochschultätigkeit mit vielen Problemen der Wissenschafts-Verwaltung und

Wilhelm Kösters

-Förderung in Berührung gekommen, so daß er Erfahrungen besaß, die gerade für seine neue Stelle von besonderem Wert waren.

Als sein Hauptverdienst muß wohl die Durchführung der großen Bauprogramme, über die in dem Abschnitt IV ausführlich berichtet wird, gewertet werden. Bei seinem Dienstantritt war der 1. Bauabschnitt, der mehr der Instandsetzung und Nutzbarmachung vorhandener Gebäudereste als dem Errichten neuer Bauten diente, mit einem Kostenaufwand von rund 2 Millionen DM im wesentlichen abgeschlossen. Schon im

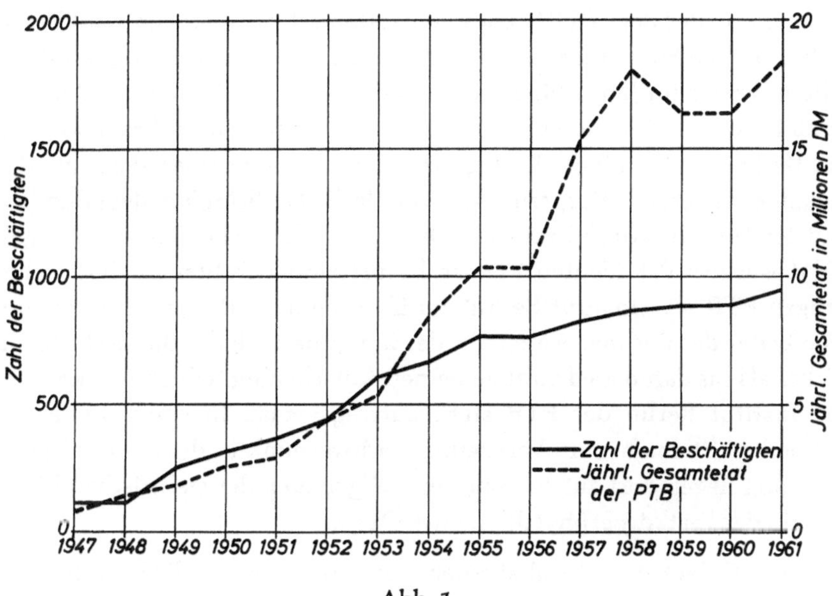

Abb. 1

Frühjahr 1952 legte Präsident *Vieweg* ein 2. Bauprogramm vor, dessen Gesamtkosten bei 10,5 Millionen DM lagen. Es lief 1954/55 aus. Heute, da wir 1962 schreiben und Präsident *Vieweg* die PTB schon wieder verlassen hat, sind zahlreiche Gebäude des 3. Bauprogramms fertig, für das allein 15,5 Millionen DM veranschlagt waren. Welche Anstrengungen hinter diesen Zahlen und Terminen stehen, vermag nur der mit den Schwierigkeiten der Nachkriegszeit wirklich Vertraute ganz zu ermessen. Auch der Aufbau des Personalstandes der Anstalt wurde nicht vernachlässigt. In Abb. 1 sind die Zahl der Beschäftigten und der jährlich für die Bundesanstalt zur Verfügung stehende Gesamtetat für die Jahre 1947 bis 1961 angegeben. Man sieht, wie nach einer schnellen Zunahme sowohl des Personals wie des Etats nach 1957 allmählich eine gewisse Normalisierung des Anstieges erreicht wird, der den wachsenden Anforderungen entspricht, die an die PTB gestellt werden.

Eine weitere wichtige Begebenheit dieser Zeit war die Vereinigung mit der Berliner Rest-„PTR". Nachdem Präsident *Kösters* im Jahre 1948 sein Amt in Braunschweig angetreten hatte, war die kommissarische Leitung der Berliner Physikalisch-Technischen Reichsanstalt, wie sie damals noch hieß, auf Herrn Oberregierungsrat Dipl.-Ing. *Johannsen* übergegangen. Nach seinem Eintritt in die Eichdirektion Berlin wurde Professor Dr. *Kußmann* Leiter der „PTR". Diese unterstand dem Senat der Stadt West-Berlin. Um die Einheitlichkeit im Meß- und Eichwesen auch in Zukunft zu sichern, wurde im Jahre 1953 zwischen der Stadt Berlin und der Bundesrepublik vertraglich vereinbart, die beiden Anstalten in Braunschweig und Berlin zu vereinigen. Dies geschah am 25. September 1953, als der damalige Regierende Bürgermeister von Berlin Dr. *Schreiber* dem Bundesminister für Wirtschaft Professor Dr. *Erhard* die „PTR Berlin" übergab und dieser den Präsidenten *Vieweg* beauftragte, den Stammteil der ehemaligen PTR als „Institut Berlin" zu übernehmen. Professor *Kußmann* blieb Leiter des Berliner Amtsteils, der nun innerhalb der Bundesbehörde stärker als bis dahin an dem allgemeinen Aufschwung teilnehmen konnte. Das Institut Berlin der PTB steht auftragsgemäß in erster Linie der Berliner Wirtschaft zur Verfügung. Schwerpunkte der Grundlagenforschung liegen dort auf bestimmten Teilgebieten der elektrischen Meßtechnik, der Festkörperphysik und der Optik.

Auf dem Gebiet des physikalischen Schrifttums ist die PTB nach 1950 wieder aktiv geworden. Nach längeren Verhandlungen konnte mit dem Verband Deutscher Physikalischer Gesellschaften eine Vereinbarung getroffen werden, welche die weitere Herausgabe der „Physikalischen Berichte" als gesamtdeutsches Unternehmen ermöglichte. Außer der Redaktion in Mosbach (Professor Dr. *M. Schön*) wurde die Hauptredaktion in der PTB (Professor Dr. *H. Ebert*) eingerichtet; der Bund gewährte finanzielle Hilfe. Das erste Heft der neuen „Physikalischen Berichte" erschien im Juli 1952.

Auch die Stelle eines theoretischen Beraters, die seit 1933 nicht mehr bestand, ist im Jahre 1953 wieder geschaffen und besetzt worden. Hierfür konnte Herr Professor Dr. *M. Kohler*, o. Prof. für theoretische Physik an der Technischen Hochschule Braunschweig, gewonnen werden.

Richard Vieweg

Von den mit dem weiteren Ausbau der PTB notwendig gewordenen organisatorischen Änderungen seien hier nur die wichtigsten erwähnt.

Es zeigte sich, daß der Präsident besonders in den stark angewachsenen Verwaltungsaufgaben durch einen Vizepräsidenten entlastet werden muß, und daß auch der Vizepräsident seine Pflichten nur dann voll erfüllen kann, wenn er von der Leitung einer wissenschaftlichen Abteilung freigestellt wird. Die mit solcher Zielsetzung bewilligte neue Stelle eines

Adolf Scheibe

Vizepräsidenten wurde 1955 dem Leitenden Direktor Professor Dr. A. *Scheibe*, der schon seit längerem Ständiger Vertreter des Präsidenten war, übertragen.

Weitere Verbesserungen im Stellenplan brachte das Bundesbesoldungsgesetz vom 27. Juli 1957. Unter anderem wurde durch diese Regelung den Leitenden Beamten der Anstalt, einschließlich der Unterabteilungsleiter die Dienstbezeichnung Professor zuerkannt. Im einzelnen läßt der Organisationsplan, der in Abb. 2 (s. S. 37) wiedergegeben ist, den derzeitigen Aufbau der wissenschaftlichen Abteilungen in Braunschweig und beim Institut Berlin sowie der präsidialen und allgemeinen Dienststellen erkennen.

Am 20. April 1958 erlitt die PTB einen empfindlichen Verlust durch den plötzlichen Tod des Vizepräsidenten Professor Dr. *A. Scheibe*. Als eine sehr markante Persönlichkeit hat sich Professor *Scheibe* mit großem Elan für den Wiederaufbau der PTB eingesetzt. Durch sein klares Auftreten und seine wissenschaftlichen Leistungen hat er der PTB viele Sympathien erworben. Sie kamen der Anstalt oft auch bei wichtigen Etatverhandlungen zugute.

Zu seinem Nachfolger als Vizepräsident wurde am 7. August 1958 Ltd. Dir. Professor Dr. *H. Moser* ernannt.

Mit Vollendung des 65. Lebensjahres schied Professor *Vieweg* am 30. April 1961 aus dem aktiven Dienst als Präsident der PTB aus. Ihm ist in erster Linie zu danken, daß heute, 75 Jahre nach der Gründung der PTR, die Institute in Braunschweig und Berlin einen Vergleich mit den großen Schwester-Instituten des Auslandes nicht zu scheuen brauchen. Auch daß die PTB in die vielen internationalen Gremien der Metrologie und der Normung wieder eingegliedert ist, geht auf seine Initiative zurück. Eine besondere Ehrung wurde ihm zuteil, als ihn nach der XI. Generalkonferenz der Meterkonvention in Paris im Jahre 1960 das Comité International des Poids et Mesures einstimmig zu seinem Präsidenten wählte. Herr Professor *Vieweg*, dessen Herz der PTB gehört, wird auch weiter als Kurator in engem Kontakt mit ihr bleiben und ihr seinen Rat und seine großen Erfahrungen zur Verfügung stellen.

Zum neuen Präsidenten der PTB wurde Herr Professor Dr. *Martin Kersten* berufen. Er war zuletzt ordentlicher Professor an der Technischen Hochschule Aachen und ist als Physiker besonders durch seine Arbeiten auf dem Gebiet der magnetischen Werkstoffe bekannt geworden. Am 1. Oktober 1961 hat er seine Tätigkeit in Braunschweig aufgenommen. Bis zu seinem Amtsantritt nahm Vizepräsident Professor *Moser* die Geschäfte des Präsidenten wahr. Am 21. November 1961 wurde Professor *Kersten* von Herrn Staatssekretär Dr. *Westrick* feierlich in sein Amt als Präsident eingeführt.

Martin Kersten

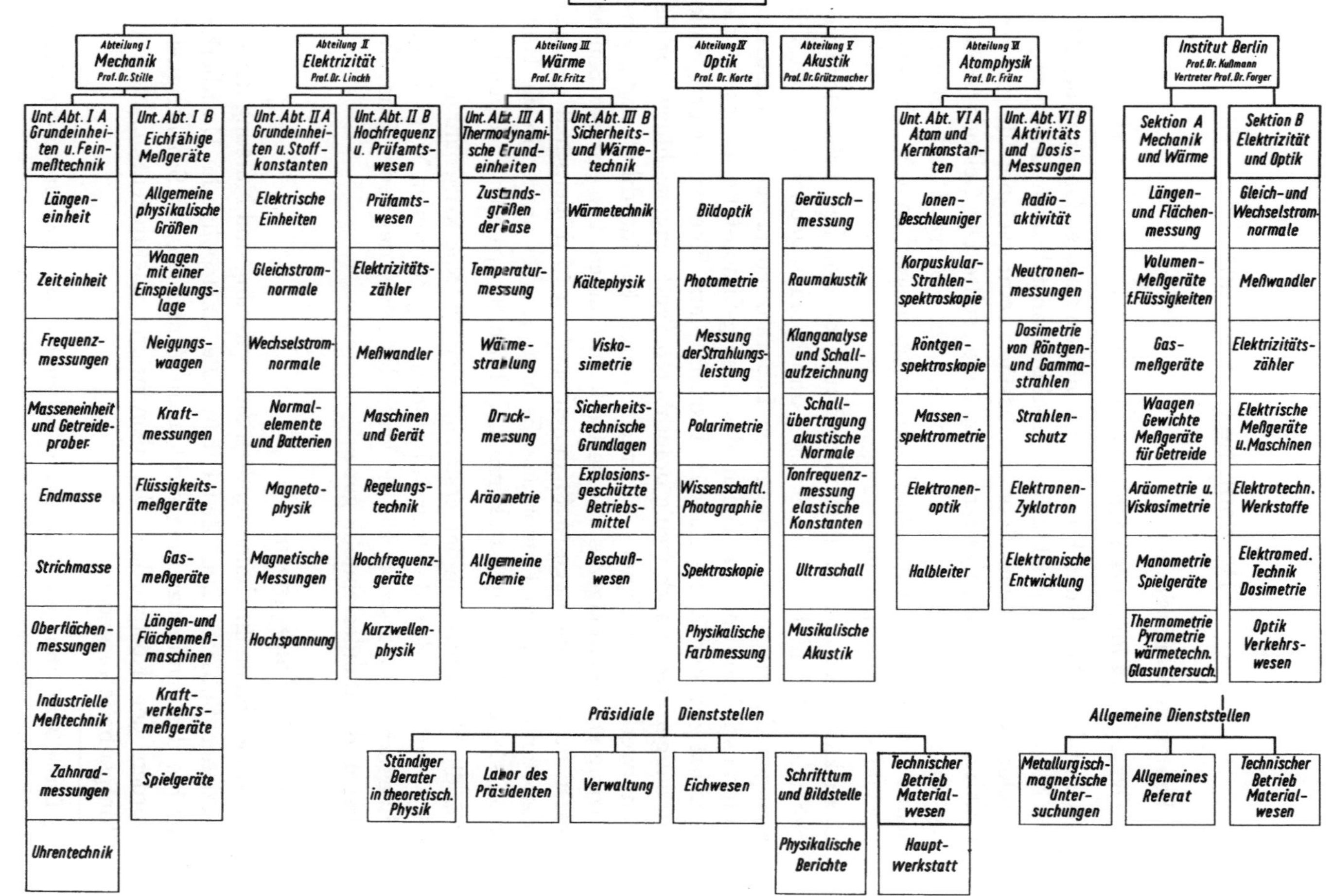

Abb. 2. Organisationsplan der PTB, Stand 1. 1. 1962

IV. Bauliche Entwicklung

A. Bauten in Braunschweig

1. *Der Zustand im Jahre 1946/47*

Als im Jahre 1946 den in Westdeutschland verstreuten Gruppen der PTR das Motorengelände der Luftfahrtforschungsanstalt in Braunschweig angeboten wurde, erschien diese Arbeitsstätte recht geeignet für eine Anstalt, welche die Nachfolge der PTR antreten sollte. Das Gelände (Abb. 3) lag ungestört in etwa 4 km Entfernung vom Stadtrand und bot wegen seiner Größe von fast 0,5 Quadratkilometer ausreichende Möglichkeiten für künftige bauliche Erweiterungen.

Dazu kam, daß die auf dem Grundstück befindlichen Laboratoriumsgebäude während des 2. Weltkrieges unbeschädigt geblieben waren. Die wenigen damals unterzubringenden Laboratorien hatten im Friedrich-Kohlrausch-Bau und in Teilen des Georg-Simon-Ohm-Baues *), die zunächst zur Verfügung standen, bequem Platz. Eine unzerstörte Halle mit einigen, wenn auch wenig brauchbaren Werkzeugmaschinen war als Hauptwerkstatt geeignet. Außerdem waren Kraftanschluß und Fernheizung sowie ein eigenes Wasserwerk vorhanden. Die übrigen Bauten waren durch Demontage-Maßnahmen stark in Mitleidenschaft gezogen oder standen vor der Demontage. Es bestand aber immerhin die Hoffnung, sie soweit erhalten zu können, daß sich ein späterer Ausbau lohnte.

Wer die Verhältnisse in den ersten schwierigen Nachkriegsjahren kennt, wird verstehen, daß diese nur in Braunschweig gebotenen Möglichkeiten schließlich den Ausschlag für die Wahl des Sitzes des neuen Staatsinstitutes in der Bundesrepublik gaben.

2. *Das erste Bauprogramm*

Die ersten Baumaßnahmen mußten die Sanierung und Nutzung der vorhandenen Substanz zum Ziel haben. Die staatspolitische Unsicherheit machte die Baufinanzierung nicht leicht. Unter großen Schwierigkeiten wurden der Kösters-Bau, die demontierte Elektrozentrale und die Röntgenhalle ausgebaut.

---

*) Diese Bezeichnungen nach Namen bekannter Forscher wurden den Gebäuden erst später gegeben.

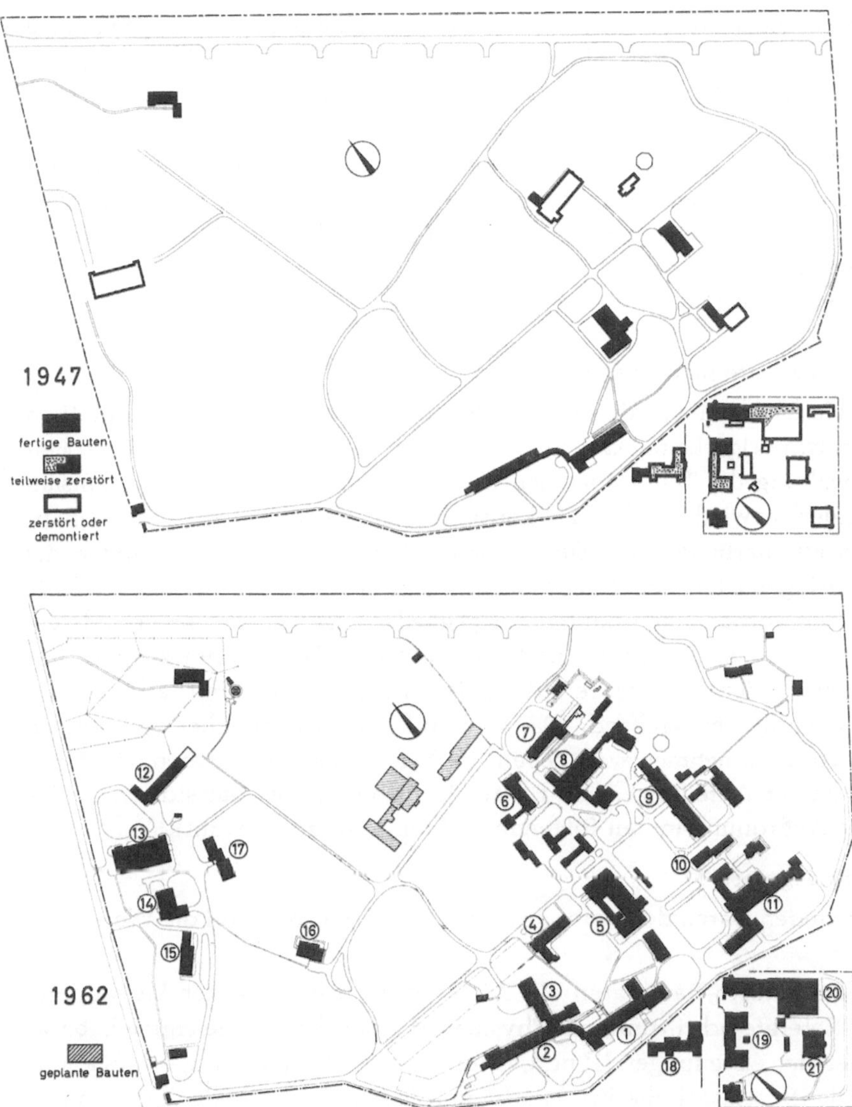

Abb. 3. Geländepläne der PTB Braunschweig und Berlin. Stand: 1947 und 1962

Braunschweig: (1) Kohlrausch-Bau, (2) Ohm-Bau, (3) von-Helmholtz-Bau, (4) Hertz-Bau mit Max-Wien-Turm, (5) Hauptwerkstatt, (6) Nernst-Bau, (7) Prandtl-Bau mit Wilhelm-Wien-Turm, (8) Bunsen-Bau, (9) Weber-Bau, (10) Elster-Geitel-Bau, (11) Geiger-, Röntgen- u. Bothe-Bau der atomphysikalischen Abteilung, (12) Abbe-Bau, (13) Kösters-Bau, (14) Gauß-Bau, (15) Leibniz-Bau, (16) Giebe-Bau, (17) von-Laue-Bau

Institut Berlin (rechts unten): (18) Foerster-Bau, (19) von-Siemens-Bau, (20) Warburg-Bau, (21) Observatorium

Diesem Bauabschnitt lag noch keine Gesamtplanung zugrunde. Man mag
heute darüber streiten, ob es zweckmäßig war, die durch Demontage be-
schädigten Gebäude zu erhalten und ein nicht immer günstiges Kompro-
miß zwischen den technisch-wissenschaftlichen Notwendigkeiten und den
baulichen Möglichkeiten zu schließen. Damals aber stand kein anderer
Weg offen. Ein Aufgeben der Gebäude hätte für die Anstalt eine lange
Arbeitsverzögerung bedeutet. Für den ersten Ausbau der vorhandenen
Gebäude sind — verteilt auf mehrere Jahre — etwa 2 Mill. DM auf-
gewendet worden.

3. *Das zweite Bauprogramm*

Im Herbst 1951 wurde dem Niedersächsischen Staatshochbauamt II in
Braunschweig (Leiter Oberregierungsbaurat *F. Grabe*) — als Auftrags-
verwaltung des Bundesbaudienstes — die Aufgabe gestellt, gemeinsam
mit der inzwischen als PTB konsolidierten Anstalt einen großen Bau-
plan auszuarbeiten. Im Zuge dieses 2. Bauprogrammes entstanden die
am dringendsten benötigten Gebäude, die so errichtet wurden, daß sie
mit den vorhandenen Bauten gut gegliederte Gebäudegruppen bildeten.
Der nach der Enttarnung noch vorhandene Wald konnte ziemlich ge-
schont werden. Für die Verteilung der Laboratorien waren fachliche Ge-
sichtspunkte maßgebend. Da auch auf Störung mancher Messungen
Rücksicht zu nehmen war, ließen sich Verzahnungen zwischen den Kom-
plexen der Abteilungen nicht vermeiden. Im Ganzen hat sich die räumliche Anordnung in den folgenden Jahren durchaus bewährt.

Gebäudegruppe I

Vorhanden waren der Kohlrausch-Bau, der Ohm-Bau und die Werkstatt-
halle.

Im Kohlrausch-Bau waren die Räume des Präsidiums, der Verwaltung,
der Referate Schrifttum und Physikalische Berichte, sowie einige Laboratorien der Abteilungen III und VI untergebracht. Im Kellergeschoß konnten der Speisesaal, die Werkküche und die Telefonzentrale übernommen
werden. Im Ohm-Bau fanden vorwiegend akustische Laboratorien sowie
nach einem Ausbau das Laboratorium für Hochspannungstechnik Platz.

An die Ostseite des Kohlrausch-Baues wurden ein moderner Hörsaal und
senkrecht zu diesem der Bibliotheksflügel angeschlossen. Der Hörsaal
mit 286 Sitzplätzen enthält eine Experimentierfläche von 4×12 m² und
Installationen, wie sie für praktische Versuche nötig sind. Akustische
Dämmung hat eine gute Hörsamkeit bewirkt. Über der Vorhalle zum
Hörsaal wurde ein Sitzungsraum für etwa 60 Personen gewonnen. Unter

der Vorhalle ist die Dokumentations- und Bildstelle eingerichtet. Die Bibliothek ist zunächst für etwa 30 000 Bände ausgebaut. Neben dem Magazin liegt ein schmaler Leseraum, der von seiner Gestalt her den Scherznamen „geistiger Speisewagen" führt.

Mit dem Ohm-Bau durch einen Gang verbunden ist der Hermann-von-Helmholtz-Bau, der Laboratorien der Abt. V — Akustik — sowie eine große Versuchshalle enthält. In diesem Bau befindet sich auch ein Hallraum mit

Abb. 4.   Teil der Gebäudegruppe I mit Max-Wien-Turm;
im Hintergrund Hermann-von-Helmholtz-Bau; rechts Heinrich-Hertz-Bau

schallharten, diffus reflektierenden Wänden. Für das Gegenstück, einen Schluckraum mit schallabsorbierendem Wandaufbau, wurde später ein besonderes Gebäude errichtet, das über einen Gang mit dem Helmholtz-Bau verbunden ist.

Der Heinrich-Hertz-Bau mit seinem 47 m hohen Max-Wien-Turm, einem der Wahrzeichen der PTB, schließt die Gebäudegruppe I nach Norden ab. In ihm sind Laboratorien der Abt. II — Elektrizität — untergebracht. Der Turm dient hauptsächlich Hochfrequenzmessungen; deswegen sind die 3 obersten Stockwerke metallfrei aus Holz gebaut.

Im Norden und Osten der Gruppe I liegen der Werkstattbau und das Gebäude für den Betrieb und Versand. Die Hauptwerkstatt, die im Zusam-

menwirken mit den Laboratorien Konstruktions- und Entwicklungs-
arbeit leistet, hat die Aufgabe, die Geräte und Apparaturen, die bei der
Industrie nicht erhältlich sind, zu fertigen, insbesondere die meßtechnischen Einrichtungen höchster Präzision. Das große Gebäude enthält
nicht nur die Hauptwerkstatt, sondern auch die Werkstätten der Technischen Versorgung der Anstalt und das zentrale Materiallager. Für alle
diese Dienststellen mußten im 2. Bauprogramm erhebliche Erweiterungen vorgenommen werden.

Gebäudegruppe II

Werkstattgebäude und Betriebsbau leiten von Westen her zu dieser Gebäudegruppe über. Vorhanden waren der stark demontierte Ludwig-
Prandtl-Bau, eine Halle der Elektrozentrale und die Halle, die heute zum
Röntgenlabor gehört. Nördlich vom Werkstattgebäude liegen die Gara-
gen, die für die Fahrzeuge der Bundesanstalt, darunter große Meßfahr-
zeuge, nötig wurden. Eine kleine Reparaturwerkstatt und eine Tank-
anlage vervollständigen den Garagenkomplex.

Weiter nach Norden schließt sich der Walter-Nernst-Bau an, in dem sich
Laboratorien der Abt. III — Wärme und Druck — befinden. Bauliche Besonderheit ist das am Nordende gelegene Kältelaboratorium mit seiner
Wasserstoff- und Heliumverflüssigungsanlage. Die erstere zwang wegen
der Explosionsgefahr dazu, die Halle mit leichten Wänden so zu versehen, daß das Dach frei abgestützt ist.

Der Robert-Bunsen-Bau gegenüber dem Nernst-Bau, ebenfalls zu Abt. III
gehörig, enthält die Arbeitsräume der Gruppe Sicherheitstechnik und das
Labor für Chemie. Die Sicherheitstechnik verlangt Laborräume mit
Spezialeinrichtungen in explosionsgeschützter Ausführung, damit explosible Dampf-Luft-Gemische, die dort gelegentlich auftreten können, nicht
zur Entzündung gebracht werden. Die Prüfungen von Geräten und Maschinen auf Explosionssicherheit, sowie sonstige Explosions- und Deto-
nationsversuche werden auf einem eingezäunten Freigelände vorgenommen, das sich nach Osten an den Bunsen-Bau anschließt.

Südlich des Bunsen-Baus steht der Ludwig-Prandtl-Bau, in dessen etwa
45 m langer Halle und in dessen Keller die Prüfstände für die Wasser-
großzähler und für Gasmesser aufgestellt sind. Zum Prandtl-Bau gehört
das zweite Wahrzeichen der PTB, der Wilhelm-Wien-Turm. Er wird als
Mehrzweckturm von verschiedenen Laboratorien genutzt und ist etwa
ebenso hoch wie der Max-Wien-Turm, hat aber einen größeren Quer-
schnitt. Im 9. Obergeschoß liegt der 30 m³ fassende Wasserbehälter für

den Wasserzählerprüfstand im Prandtl-Bau. Vom Keller bis zum obersten Steingeschoß reicht die Normal-Barometersäule der PTB für Drucke bis 50 at. Durch den eigenartigen Holzaufbau am Kopf des Turmes

Abb. 5.   Ludwig-Prandtl-Bau; im Hintergrund Wilhelm-Wien-Turm;
im Vordergrund die „Max-von-Laue"-Eiche

(Abb. 5) wird der Wind so abgelenkt, daß auf der obersten Plattform eine strömungsarme Zone entsteht, in der z. B. Messungen über die Ausbreitung elektromagnetischer Wellen ausgeführt werden können. Korrespondierende Meßstelle ist der Max-Wien-Turm. Nach Süden schließt sich an den Wilhelm-Wien-Turm die Halle des Mineralölzählerprüfstandes an, die noch zum Prandtl-Bau gehört.

In dem langgestreckten Wilhelm-Weber-Bau befinden sich auf der West-
seite zwei große Hallen; in der nördlichen ist das Maschinenlaboratorium,
in der südlichen die Elektrozentrale mit umfangreichen Schalteinrichtun-
gen untergebracht. Im östlichen Gebäudetrakt liegen dreigeschossig (einschl. Keller) Laborräume, Werkstätten, Rechen- und Auswertezimmer.
Die elektrische Installation des Weber-Baues entspricht den vielgestaltigen elektrotechnischen Anforderungen. Östlich der Elektrozentrale befindet sich der Betriebshof der Technischen Versorgung mit Elektrowerk-
statt, Kompressorhaus und Magazinräumen.

Auf den Weber-Bau folgt nach Süden der Gebäudekomplex der Abt. VI
— Atomphysik —. Die einzelnen Bauten sind hier einstöckig ausgeführt
und verteilen sich — obwohl miteinander verbunden — auf eine größere
Fläche. Man wollte den Zusammenhang der Laboratorien wahren, aber
die gegenseitigen Störmöglichkeiten durch radioaktive Strahlungen ein-
schränken. Zu dieser Gruppe niedriger Bauten gehören der Elster-Geitel-
Bau mit den Laboratorien für radioaktive Standards und Isotope, der
Hans-Geiger-Bau mit den Laboratorien für Radioaktivität, der Bau, in
dem das Elektronenzyklotron steht und ein Teil des Röntgen-Baues mit
dem Röntgenlaboratorium.

Gebäudegruppe III

Zunächst war nur eine Flugzeughalle vorhanden, die demontiert werden
sollte. Das konnte durch einen Umbau der Halle für Laboratoriums-
zwecke verhindert werden. Der auf diese Weise geschaffene Wilhelm-
Kösters-Bau steht heute für die Abt. IV — Optik — und einen Teil der
Abt. I — Mechanik — zur Verfügung. Die Lösung befriedigt jetzt nicht
mehr recht, weil das Gebäude Mängel aufweist. Seinerzeit aber bestand
keine andere Möglichkeit, Arbeitsraum zu schaffen. Zur Gebäudegruppe III gehören noch der Ernst-Abbe-Bau nördlich vom Kösters-Bau,
der Karl-Friedrich-Gauß-Bau und der Gottfried-Wilhelm-Leibniz-Bau südlich davon. Fast gegenüber dem Kösters-Bau liegt der Max-von-Laue-Bau.

Der Abbe-Bau enthält die Laboratorien für Feinwerktechnik der Abt. I
und ist mit mannigfaltigen Spezialeinrichtungen baulicher Art versehen.
So befindet sich im Tiefgeschoß ein 76 m langer klimatisierter Kompa-
ratorraum für Meßbänder, der 16 m länger ist als der oberirdische Ge-
bäudeteil. Seine Temperatur ist zwischen $+10\,°C$ und $+30\,°C$ einstell-
bar.

Der Gauß-Bau, auch ein Spezialbau, enthält das Laboratorium für Kraftmessung mit seinen großen Belastungsmaschinen, eine Gleiswaage und
eine Einrichtung, um an Zugkraftmeßgeräte Massen bis zu 100 t anzu-
hängen. Diese Masse-Stücke können wegen der zweckmäßigen baulichen
Anordnung sowohl als Normale für die Gleiswaage als auch für die Kraft-
messungen benutzt werden (s. S. 74). Im Leibniz-Bau sind die Waagen-
laboratorien untergebracht.

Abb. 6.   Gottfried-Wilhelm-Leibniz-Bau

In größerem Abstand von den Gebäudegruppen liegen der Erich-Giebe-
Bau für die Quarzuhren und das Ernst-Gumlich-Haus für magnetische
Messungen. Die Quarzuhren müssen bei sehr konstanter Temperatur
laufen und vertragen keine Erschütterungen. Deswegen sind die Räume,
in denen sie aufgestellt sind, zwei Stockwerke tief in die Erde gebettet.
Das Gumlich-Haus und seine Umgebung sind eisenfrei gehalten, weil
Eisen auch in geringer Menge feine magnetische Messungen stören
könnte. Auch die drehbare Beobachtungsstation, in der das astronomische
Instrument, ein sog. Astrolab nach *Danjon*, mit unpersönlichem Mikro-
meter untergebracht ist, steht abseits der Gebäudegruppen.

Die Gebäude des 2. Bauprogramms sind mit einem Kostenaufwand von
rund 10 Mill. DM errichtet worden. Mit Beendigung dieses Programms

war für die Arbeitsfähigkeit der PTB eine solide Grundlage geschaffen. Mit der raschen Weiterentwicklung der Physik und Technik fielen der PTB neue Aufgaben zu. Das gab den Anstoß zu einem 3. Bauprogramm vor allem für die atomphysikalischen Laboratorien. Aber auch für andere Arbeitsgebiete wurden Neubauten notwendig.

4. *Das dritte Bauprogramm*

Das 3. Bauprogramm, mit dem 1958 begonnen werden konnte, ist 1961 noch nicht abgeschlossen, da für die Abt. VI noch ein Meß-Reaktor-Gebäude und ein Gebäude für Radiochemie ausstehen. In der Gebäudegruppe II wurden bisher der Röntgen-Bau beträchtlich erweitert und der Walther-Bothe-Bau neu errichtet. In diesem sind die Laboratorien für Korpuskel- und Quantenmessungen untergebracht, während die Ergänzungen des Röntgen-Baus die Laboratorien für Dosimetrie und ein Elektronen-Synchrotron aufnehmen.

Südlich des Prandtl-Baus ist als Neubau für das Wandler-Laboratorium der Harald-Schering-Bau entstanden. Die Entwicklung in der Technik großer Hochspannungsnetze ist jetzt bei 400 kV angelangt und höhere Spannungen zeichnen sich ab. Das bedingt große Abmessungen der Meßwandler und deswegen hohe Laborräume. Die Notwendigkeit, für Freiluftanlagen auch niedrige Prüftemperaturen einzustellen, führte zu einer großen Klimakammer anschließend an den Schering-Bau.

Die Erweiterung der Gebäudegruppe III besteht aus dem Gottfried-Wilhelm-Leibniz-Bau und dem Max-von-Laue-Bau. Der Leibniz-Bau ist für die Waagen-Laboratorien errichtet worden und enthält Spezialeinrichtungen für die Prüfung moderner Waagen. Der von-Laue-Bau dient der Erweiterung der optischen Laboratorien. Er besteht aus einem „Hochhaus" mit 6 Geschossen und einem Kellergeschoß, sowie einem unterkellerten eingeschossigen Anbau. Die Form des Gebäudes leitet sich von dem Zweck her, den es erfüllen soll. Das Dach, das als Experimentierfläche dient, mußte so hoch liegen, daß man frei über Bauten und Baumwipfel zum Horizont blicken kann.

B. Bauten in Berlin-Charlottenburg

Die Bautätigkeit auf dem alten Gelände der PTR in Berlin-Charlottenburg beschränkte sich in den Vorkriegsjahren 1937/38 auf die Aufstockung des westlichen Vorbaus am Starkstromgebäude, um dem dringendsten Platzbedarf der elektrischen Laboratorien, insbesondere des Zählerlaboratoriums und des Referats für elektrische Prüfämter, abzuhelfen.

Eine Reihe von Dienststellen mußten in der Umgebung der Reichsanstalt untergebracht werden. Man befaßte sich damals auch schon mit Plänen für einen großzügigen Neubau der PTR. Ein großes Gelände am Rande von Berlin war für 50 zu „Instituten" ausgebaute Laboratoriumsgruppen vorgesehen. Noch zu Beginn des Krieges wurden Vorarbeiten durchgeführt, wie die Herstellung von Bauzeichnungen und Modellen mit allen Einzelheiten.

Die im weiteren Verlauf des Krieges einsetzenden Fliegerangriffe auf Berlin verursachten an den Gebäuden der PTR schwere Zerstörungen. Der erste größere Schaden an den Anlagen trat im September 1943 am Gebäude der Abt. I ein. Bei späteren Angriffen konnte jedoch durch das mutige Verhalten der Luftschutzwachen Totalschaden verhindert werden. Allerdings wurden die kleinen Gebäude, wie Kältelaboratorium, Kesselhaus mit Schornstein, Packhaus und das Magnetische Häuschen praktisch zerstört. Bei den Endkämpfen um Berlin erlitten schließlich durch Minenwerfer und MG-Beschuß das Chemie- und das Hauptgebäude in ihren Fassaden starke Beschädigungen.

Als sich nach Kriegsende die ersten Angehörigen des Institutes wieder an ihrer Wirkungsstätte versammelten, war die Umgebung der PTR ein Chaos, das Bild der Anstalt selbst war aber doch nicht so trostlos, wie es zunächst erschien. Fenster und Türen der stehengebliebenen Gebäude fehlten wohl zum größten Teil, die Zwischenwände waren geborsten, die Dächer zum Teil zerstört; doch war die Grundsubstanz der wichtigsten Anlagen und Gebäude mit ihren meterdicken Mauern erhalten geblieben. Bald gingen die ersten Prüfanträge der wiedererstehenden Berliner Industrie ein. Mit den aus den Trümmern geborgenen noch verwendbaren Meßgeräten wurde die Arbeit wieder aufgenommen.

Der Wiederaufbau begann mit der notwendigsten Sicherung gegen Einbruch und weiteren Verfall. Da der Magistrat von Berlin anfänglich nur geringe Baumittel zur Verfügung stellen konnte, wurden die ersten Schäden vor allem durch Selbsthilfe der Amtsangehörigen beseitigt. Durch Entgegenkommen der britischen Militärregierung konnten Baustoffe, transportable Öfen und andere Hilfsmittel beschafft werden. Die Batterien wurden während der täglichen, kurzen Stromlieferungszeiten aufgeladen und versorgten in der stromlosen Zeit über einen alten Maschinengenerator das Haus mit Spannung. Als Mitte April 1949 das Hochbauamt des Senats Berlin die Bauaufsicht übernahm, beseitigte man zunächst die Trümmer der gänzlich zerstörten kleinen Gebäude. Das Präsidentenhaus mußte gleichfalls, wenn auch erst etwas später, abgerissen

werden, da die Instandsetzung nicht lohnte und die Stadtplanung eine
Verbreiterung der Marchstraße vorsah.

Mit den provisorischen Arbeiten im Hauptgebäude wurde im Jahre 1948
begonnen, nachdem schon vorher an die Eichdirektion einige Räume ver-

Abb. 7.   Werner-von-Siemens-Bau des Instituts Berlin
(früher Hauptgebäude der PTR)

mietet waren. Die endgültige Instandsetzung begann nach dem Zusam-
menschluß des Instituts Berlin mit der PTB und war 1958 abgeschlossen.
Das architektonische Bild des nunmehrigen Werner-von-Siemens-Baus
blieb einschl. des Kuppelbaues erhalten (Abb. 7). In diesem vierstöcki-
gen Gebäude liegen die Prüfräume für Thermometrie, Aräometrie, Druckmessungen, Waagen, Viskosimetrie und Optik. Auch die erschütterungs-
freien Tiefenräume wurden wieder hergerichtet und mit einer Klima-

anlage ausgestattet, so daß Messungen und Wägungen höchster Präzision unter konstanten klimatischen Verhältnissen durchgeführt werden können. Die günstige Lage des Kuppelbaues ermöglicht es, im Zentrum von Berlin die Solar-Konstante zu registrieren und Messungen ähnlicher Art vorzunehmen. Ferner war es möglich einen größeren Vortragsraum zu schaffen und die Bücherbestände zentral in neuen zweckentsprechenden Räumen zusammenzufassen.

Beim Starkstromgebäude, dem heutigen Emil-Warburg-Bau, war das Giebeldach ausgebrannt, weshalb die ersten Arbeiten dem Aufbau des Daches galten. 1955 begann die Wiederherstellung des zerstörten Süd-Ostflügels, 1960 waren neben einer Hochspannungshalle die Wandlerprüfhalle und die Linienwählerstation wieder gebrauchsfertig und modernisiert. In diesen Räumen stehen Prüfmöglichkeiten bei Spannungen bis zu 325 kV zur Verfügung. Eine Hochstromanlage für Wechselstrom gestattet Messungen an Wandlern bis 15 000 A, während Gleichstromnormale bei Stromstärken bis 20 000 A geprüft werden können. Umstellungsmaßnahmen im Berliner Stromversorgungsnetz gaben den Anlaß, die veraltete und durch mehrfache Änderungen unübersichtlich gewordene Hochspannungsstation zu ersetzen und in einem kleinen Neubau in der Nähe unterzubringen.

Am Gebäude der früheren Abteilung I, dem jetzigen Wilhelm-Foerster-Bau, wurden anfangs nur provisorische Arbeiten zur Reparatur der Wassermesserstation und zur Herrichtung des Bandmaß- und des Komparatorraumes durchgeführt. Nach der vollständigen Wiederherstellung sind 1959/60 auf Grund einer Vereinbarung mit dem Senat Berlin $^{7}/_{10}$ der Nutzungsfläche der Eichdirektion Berlin überlassen worden, so daß diese die bisher benutzten Räume im Siemens-Bau freimachen konnte. In dem restlichen Teil des Gebäudes wurden die Laboratorien für Flüssigkeits- und Gasmeßgeräte sowie für Längen- und Flächenmessungen untergebracht und in ihren Einrichtungen dem heutigen Entwicklungsstand angepaßt. An größeren Anlagen stehen hier Hoch- und Tiefbehälter für Wasser (von 35 m³ bzw. 80 m³ Inhalt) und für Öl (von 4 m³ Inhalt) sowie ein 50-m-Bandmaßkomparator für Vergleichsmessungen und amtliche Prüfungen zur Verfügung.

In das Bibliotheksgebäude (Beamtenwohnhaus) zogen 1949 mehrere Bedienstete mit ihren Familien ein. Die anfänglich nur mit einfachsten Mitteln hergerichteten Wohnräume wurden im Jahre 1956 ausgebaut. Die Fassade in den originalen kleinen gelben Klinkern blieb erhalten.

4 Forschung und Prüfung

Das Maschinenhaus (Werkstattgebäude) konnte nach Anschluß des Instituts an die Berliner Fernheizung im Jahre 1956 hergerichtet werden. Es entstand hier eine neue Halle, in der alle Stromversorgungsmaschinen des Instituts aufgestellt sind. Unter anderen wurde ein spannungs- und frequenzgeregelter Leonardsatz mit einer Leistung von 75 kVA sowie ein dreiphasiger Maschinensatz für den Frequenzbereich von 300 bis 10 000 Hz mit einer Leistung von 25 kVA eingebaut.

Abb. 8.   Das Observatorium des Instituts Berlin
nach dem Wiederaufbau

Die Bauarbeiten am Observatorium begannen 1960 und fanden 1961 im wesentlichen ihren Abschluß. Das stark zerstörte Äußere konnte nicht wieder in seiner historischen Form hergestellt werden. Das Gebäude erhielt einen hellen Außenputz und fügt sich wohlgelungen in das Bild des Instituts ein. Wegen seiner stabilen Bauweise eignet es sich besonders für erschütterungsempfindliche Messungen. Im Zuge des Umbaues ergab sich die Möglichkeit, eine 25-m-Meßstrecke für Scheinwerfer-Prüfungen zu errichten. Auf die Wiederherstellung der großen Kuppel im Zentrum des Gebäudes wurde verzichtet. Dadurch entstand im Inneren ein besonders hoher Raum zur Aufnahme einer Lichtverteilungsanlage für die Prüfung von Landescheinwerfern. Ein weiterer Raum konnte zu einer „Ulbricht'schen Kugel" mit einem Durchmesser von 5 m umgestaltet werden. Im Erdgeschoß und Keller wurde das Laboratorium für elektromedizinische Technik und Dosimetrie untergebracht.

Den Abschluß der Wiederaufbauarbeiten bildet das Chemiegebäude, das bis 1960 an eine Firma vermietet war. Nachdem auch das Außengelände durch neue Anlagen verschönert ist, bietet das Institut jetzt wieder ein freundliches Gesamtbild und im Inneren gute Arbeitsmöglichkeiten.

V. Kuratorium

Schon vor Gründung der Physikalisch-Technischen Reichsanstalt hatte *Wilhelm Foerster* als Direktor der Königlichen Sternwarte in Potsdam und erster Direktor der Kaiserlichen Normal-Eichungs-Kommission (siehe S. 54) in einer Denkschrift den Gedanken geäußert, ein Kuratorium zu gründen, das ein staatliches Zentrum aller wissenschaftlich und technisch interessierten Kreise bilden sollte, um wissenschaftliche Arbeiten junger Gelehrter zu koordinieren und darüber hinaus die Entwicklung der mechanischen und optischen Industrie zu fördern. Gleichzeitig mit den Diskussionen über ein solches Kuratorium liefen die Verhandlungen über die Errichtung eines physikalisch-technischen Staatsinstitutes, die zur Gründung der Physikalisch-Technischen Reichsanstalt (PTR) führten, wobei das von *Wilhelm Foerster* vorgeschlagene Gremium endgültig als Kuratorium der PTR, das auf Anordnung des Reichskanzlers am 6. August 1887 zum ersten Male zusammentrat, ins Leben gerufen wurde.

Dem Kuratorium gehörten ex officio der Präsident und die Abteilungsdirektoren der PTR an sowie etwa 20 weitere, vom damaligen Reichsamt des Inneren berufene Mitglieder, durch die im Kuratorium alle technischen Behörden, wissenschaftlichen Akademien, Königlichen Gesellschaften, Universitäten und Hochschulen sowie die verschiedenen technischen Industriezweige vertreten sein sollten. Als Präsident führte die Geschäfte des Kuratoriums und leitete seine einmal jährlich abgehaltenen Sitzungen der Staatssekretär oder Ministerialdirektor des Ministeriums, bei dem die PTR ressortierte.

Seinen Aufgaben nach fungierte das Kuratorium als sachverständiger Aufsichtsrat für die wissenschaftliche und technische Tätigkeit der PTR mit sehr weitgehenden Pflichten und Befugnissen. Es hatte den Arbeitsplan der PTR sowie den Voranschlag der erforderlichen Haushaltsmittel alljährlich festzusetzen und deren Bewilligung bei der Reichsverwaltung zu beantragen. Weiter besaß das Kuratorium wesentlichen Einfluß auf die Anstellung von planmäßigen wissenschaftlichen Beamten, verfügte über einen Stipendienfonds und hatte über die Zulassung wissenschaftlicher Gäste in der PTR zu beschließen.

In den ersten Jahrzehnten seines Bestehens hat das Kuratorium wertvollste Arbeit und Hilfe für die wissenschaftliche Entwicklung und den technischen Ausbau der PTR geleistet. Ihm gehörten namhafte Vertreter der verschiedensten wissenschaftlichen Disziplinen und technisch interessierter Kreise an. Erwähnt seien unter den Physikern *Albert Einstein, James Franck, Max von Laue, Walter Nernst, Max Planck, Wilhelm Conrad Röntgen, Heinrich Rubens* und *Willi Wien* sowie von Pionieren der angewandten Physik und Technik *Ernst Abbe, Hans Görges, Carl von Linde, Karl Mey, Werner von Siemens, Arnold von Siemens, Karl Friedrich von Siemens, Max Wien* und *Jonathan Zenneck.*

Am 6. März 1935 wurde das Kuratorium der PTR durch den Reichskanzler aufgelöst.

Mit der Rekonstitution eines physikalisch-technischen Staatsinstitutes im Vereinigten Wirtschaftsgebiet, der Physikalisch-Technischen Anstalt (PTA), wurde nach voraufgegangenen Verhandlungen und Bemühungen des vorbereitenden Präsidialausschusses der PTA (S. 20) auch wieder ein Kuratorium ins Leben gerufen, dessen Aufgaben und Zusammensetzung im § 10 des Statuts der PTA umrissen werden. Dieses Kuratorium trat zum ersten Male am 20. März 1950 zusammen und ging noch im gleichen Jahre mit der Umwandlung der PTA in die Physikalisch-Technische Bundesanstalt (PTB), das heutige Staatsinstitut der Bundesrepublik Deutschland, im Kuratorium der PTB auf. Es setzt sich aus dem Präsidenten, dem Vizepräsidenten, den Leitenden Direktoren der PTB in Braunschweig, dem Leiter des Instituts Berlin und dessen ständigem Vertreter, einem Vertreter des Senats von Berlin sowie etwa 30 führenden Persönlichkeiten aus Wissenschaft, Technik und Industrie zusammen, die vom Bundesminister für Wirtschaft auf Vorschlag des Kuratoriums berufen werden. Präsident des Kuratoriums ist der jeweilige Leiter der Hauptabteilung II des Bundesministeriums für Wirtschaft. Das Kuratorium tritt einmal im Jahr zu seinen ordentlichen Sitzungen zusammen und hat laut Statut die PTB in ihrer wissenschaftlichen und technischen Tätigkeit sowie in Personalfragen zu beraten. (Liste der Mitglieder des Kuratoriums seit 1949 auf S. 176.)

VI. Vollversammlung

Die Vollversammlung, der durch § 11 des Statuts der Physikalisch-Technischen Anstalt (PTA), der Vorgängerin der PTB, als Aufgabe die Beratung und Beschlußfassung über diejenigen Angelegenheiten des Eichwesens, für die nach dem Maß- und Gewichtsgesetz vom 13. Dezember 1935 (MuGG) die PTR zuständig war, zugewiesen worden sind, geht in ihrem Ursprung auf die Plenar-Versammlung der 1869 auf Grund Art. 18 der „Maaß- und Gewichts-Ordnung" des Norddeutschen Bundes vom 17. August 1868 bestellten „Normal-Aichungs-Kommission" des Norddeutschen Bundes zurück. Diese ist am 3. August 1871 in der Kaiserlichen Normal-Eichungs-Kommission des Deutschen Reiches (Kais. N. E. K.) aufgegangen, die am 5. Dezember 1918 in die Reichsanstalt für Maß und Gewicht (RMG) umgewandelt wurde. Nach der für die Kais. N. E. K. erlassenen Geschäftsordnung setzte sich ihre Vollversammlung aus dem Direktor der Kais. N. E. K., ständigen Mitgliedern — d. h. wissenschaftlichen Sachbearbeitern der Kais. N. E. K. — und beigeordneten Mitgliedern, die auf Vorschlag des Direktors vom Reichskanzler auf jeweils 5 Jahre ernannt wurden, zusammen. Als beigeordnete Mitglieder wurden leitende Herren der Eichverwaltungen der Länder sowie führende Persönlichkeiten aus der Meßtechnik berufen.

Nach der besonderen Art ihrer Aufgaben — einmal die Darstellung und Entwicklung der Grundeinheiten für Länge und Masse, zum anderen die technische Oberaufsicht über das gesamte Maß- und Gewichtswesen in Deutschland — mußten der Kais. N. E. K. und späteren RMG besondere Pflichten und Rechte zugewiesen werden, wie sie normalerweise eine Behörde nicht besitzt. In rein technischen Fragen kann nur eine technische Behörde entscheiden. Nach damaliger Auffassung sollte dieser Grundsatz insbesondere dann gelten, wenn technische Vorschriften über Material, Gestalt, Einrichtung und Fehlergrenzen von eichpflichtigen Meßgeräten erforderlich werden, die einen einheitlichen und gleichmäßigen Schutz von Käufer und Verkäufer in Wirtschaft und Handelsverkehr für das gesamte Reichsgebiet garantieren sollen. So erhielt die Kais. N. E. K. und später die RMG durch die Maß- und Gewichts-Ordnung für das Deutsche Reich (in ihren Fassungen vom 7. Dezember 1873, vom

11. Juli 1884, vom 26. April 1893 und vom 30. Mai 1908) die Befugnis, *Vorschriften mit Gesetzeskraft* zu erlassen.

Über *eichtechnische Vorschriften* und die Zulassung von Meßgeräten zur Eichung in Deutschland hatte die *Vollversammlung* der Kais. N. E. K. und späteren RMG endgültig in erster und letzter Instanz zu entscheiden. Ihre mit einfacher Mehrheit gefaßten Beschlüsse wurden vom Direktor der Kais. N. E. K. und der späteren RMG durchgeführt, der sie als Rechtsverordnungen erließ und in einem amtlichen Veröffentlichungsorgan verkündete. Hierbei handelte es sich um Änderungen und Ergänzungen einmal der von der Kais. N. E. K. erlassenen Eich-Ordnung für das Deutsche Reich (in ihren Fassungen vom 27. Dezember 1884 und vom 8. November 1911), die Bau- und Fehlergrenzen-Vorschriften für eichfähige Meßgeräte enthält und sich in erster Linie an die Herstellerindustrie und die Gerätebenutzer wendet, zum anderen der gleichfalls von der Kais. N. E. K. erlassenen Instruktion (in ihren Fassungen vom 1. Mai 1885 und vom 27. November 1911), einer Verwaltungsanweisung an die Eichbehörden über die Durchführung der eichtechnischen Prüfung von Meßgeräten.

An dieser Sachlage änderte sich grundsätzlich auch noch nichts, als die RMG am 1. Oktober 1923 als Abteilung I für Maß und Gewicht in die Physikalisch-Technische Reichsanstalt eingegliedert wurde. Die Geschäftsordnung der PTR wurde durch die der Vollversammlung der Abteilung I für Maß und Gewicht ergänzt, deren Beschlüsse weiter vom Direktor der Abteilung I für Maß und Gewicht der PTR als Rechtsverordnungen erlassen wurden.

Erst durch das Maß- und Gewichtsgesetz vom Jahre 1935 trat eine Verschiebung der Befugnisse ein. Der Erlaß von eichtechnischen Rechtsverordnungen auf Grund der Vorschriften des MuGG ging auf den Präsidenten der PTR über. Die von der PTR zu erlassenden Vorschriften bedurften jedoch der Zustimmung des Reichswirtschaftministers. In dieser Form ist auch die neue Eichordnung von 24. Januar 1942 erlassen worden. Dabei wirkte als beschlußfassendes Organ nach wie vor die Vollversammlung der Abteilung I für Maß und Gewicht der PTR mit.

Nach der Rekonstitution eines physikalisch-technischen Staatsinstitutes, 1949 als PTA im Vereinigten Wirtschaftsgebiet und 1950 als PTB in der Bundesrepublik Deutschland, lebte auch die Vollversammlung wieder auf — jedoch mit einigen Veränderungen. Einmal hatten in der voraufgegangenen Zeit Vielfalt und Umfang der eich- oder beglaubigungspflichtigen Meßgeräte erheblich zugenommen, was schon in den Bestimmungen des MuGG von 1935 seinen Niederschlag fand; so werden nach dem Organisationsplan von PTA und PTB nicht mehr allein ihre Abteilung I (Mechanik), sondern darüber hinaus auch die Abteilungen II (Elektrizität und Magnetismus), III (Wärme und Druck), IV (Optik) und V (Akustik) sowie das Institut Berlin betroffen, so daß außer dem Präsidenten und Vizepräsidenten der PTB nunmehr die Leitenden Direktoren und wissenschaftliche Sachbearbeiter von sechs Abteilungen zu den ständigen Mitgliedern der Vollversammlung der PTB gehören. Zum anderen können nach den Bestimmungen des Grundgesetzes, die die Zuständigkeiten von Bund und Ländern hinsichtlich Legislative und Exekutive regeln, Eich- und Beglaubigungsvorschriften als Rechtsverordnungen nicht mehr vom Präsidenten der PTB mit Zustimmung des Bundeswirtschaftsministers erlassen werden, sondern nur noch vom Bundeswirtschaftsminister mit Zustimmung des Bundesrates. Dies hat leider eine langwierigere und schwerfälligere Arbeitsweise der Verordnungsmaschinerie zur Folge. Beschlüsse der Vollversammlung der PTB werden von ihrem Präsidenten an den Bundeswirtschaftsminister weitergeleitet, der sie seinerseits den dem Bundesrat zur Zustimmung vorzulegenden Rechtsverordnungsentwürfen zugrunde legt.

In die Vollversammlung der PTB wurden zunächst die leitenden Eichaufsichtsbeamten einiger Bundesländer vom Bundeswirtschaftsminister als beigeordnete Mitglieder für 5 Jahre berufen. Auf Vorschlag des Präsidenten der PTB sind im Jahre 1955 sämtliche leitenden Eichaufsichtsbeamten vom Bundeswirtschaftsminister zu beigeordneten Mitgliedern ernannt worden, so daß in der Vollversammlung der PTB seit ihrer 6. Tagung alle Bundesländer durch ihre leitenden Eichaufsichtsbeamten mit Sitz und Stimme vertreten sind. Dies soll die spätere Beratung und Verabschiedung von Rechtsverordnungen auf dem Gebiete des Eichwesens im Bundesrat erleichtern und vereinfachen (s. a. S. 168).

VII. Aus den Arbeitsgebieten

Dieses Kapitel möge einen Einblick in die vielfältigen Aufgaben geben, die von der PTR und PTB in den letzten Jahrzehnten bearbeitet worden sind, ohne daß damit der Anspruch auf Vollständigkeit erhoben wird. In dem Bestreben, den Stoff zu konzentrieren, wurde bewußt auf eine Unterteilung nach dem Organisationsplan der PTB (S. 37) verzichtet und dafür eine Gliederung nach Sachgebieten vorgenommen, in denen des öfteren Arbeiten aus verschiedenen Laboratorien zusammengefaßt sind. In den einzelnen Abschnitten wird zeitlich mehr oder weniger von zurückliegenden Untersuchungen oder Ereignissen ausgegangen, um die auf einem Gebiet erzielten Fortschritte oder die eingetretenen Veränderungen aufzuzeigen. Im Durchschnitt dürfte die Entwicklung der letzten 25 Jahre wiedergegeben sein. Über Einzelheiten und über die Autoren der nachfolgend beschriebenen Arbeiten geben die Wissenschaftlichen Abhandlungen der PTR und PTB Auskunft, in denen auch die jährlichen Tätigkeitsberichte enthalten sind.

A. Mechanik

1. *Vom Prototyp zum Wellenlängenmeter*

Der Beschluß der 11. Generalkonferenz für Maß und Gewicht vom 14. Oktober 1960, die Definition des Meters durch das sogenannte Internationale Prototyp zu annullieren und die Längeneinheit durch eine Lichtwellenlänge neu festzulegen, beendete eine lange Entwicklung, an der die PTR und die PTB hervorragend beteiligt waren.

Der Gedanke, daß eine Lichtwellenlänge eine natürliche, sehr genau reproduzierbare und jedermann zugängliche Einheit der Länge darstellen könnte, hörte nicht auf, fortzuwirken, seitdem er im Jahre 1827 von *Babinet* ausgesprochen worden war. Aber dieser Vorschlag war damals noch lange nicht reif für die Verwirklichung, auch noch nicht, als etwa 40 Jahre danach auf einem geodätischen Kongreß in Berlin gebieterisch die Forderung hervortrat, mit der Schaffung einer internationalen Längeneinheit Ernst zu machen. Da sich zu diesem Zeitpunkt auch keine andere natürliche Einheit von selbst anbot, bestand die einzige zeitgemäße Lösung zweifellos in der Wahl einer willkürlichen Einheit, die in Gestalt eines Strichmaßstabes aus einer Legierung von 90 % Platin und 10 % Iridium im Jahre 1889 von der 1. Generalkonferenz zum Internationalen Meterprototyp bestimmt wurde.

Im gleichen Jahr, fast auf den Tag genau, erschien von *Michelson* und *Morley* eine grundlegende Publikation mit dem Titel: „On the feasibility of establishing a light-wave as the ultimate standard of length". Nur drei Jahre später unterzog sich *Michelson* im Internationalen Büro für Maß und Gewicht der fundamentalen Arbeit, das Meter an die Wellenlänge der roten Kadmiumlinie anzuschließen und leistete damit den ersten Beitrag von größter praktischer Bedeutung zur Entwicklung eines Wellenlängenmeters. Die Wiederholung des Meteranschlusses durch *Benoît*, *Fabry* und *Perot* im Jahre 1906 nach einer völlig neuen und brillanten Methode war der zweite Markstein auf diesem Wege.

In Deutschland hat etwa vom Jahre 1917 an *Kösters*, der langjährige Direktor der Abteilung für Maß und Gewicht der PTR und deutsches Mitglied des Internationalen Komitees für Maß und Gewicht von 1921 bis zu seinem Tode im Jahre 1950, die Sache der Wellenlängendefinition des Meters durch grundlegende Arbeiten, insbesondere durch Entwicklung von Apparaten und Methoden zur interferometrischen Messung von Längen entscheidend gefördert. Sein Komparator für die Messung von Parallelendmaßen hat die Industrie in den Stand versetzt, die Genauigkeit der Lichtwellenlängen für die Zwecke der industriellen Meßtechnik voll auszunutzen, lange bevor an eine endgültige Wellenlängendefinition des Meters zu denken war. Die dazu notwendige formale Grundlage wurde durch einen Beschluß der 7. Generalkonferenz vom Jahre 1927 geschaffen, in dem das Verhältnis der Wellenlänge der roten Kadmiumlinie zum Meter zunächst provisorisch festgelegt war. Außer dem Interferenzkomparator und einer Reihe von Neuerungen oder Verbesserungen verdankt die interferometrische Meßtechnik *Kösters* vor allem eine ebenso wichtige wie elegante Methode, den Einfluß der atmosphärischen Lichtbrechung bei der interferometrischen Messung von Strecken auszuschalten. Auf der Suche nach geeigneten Spektrallinien haben *Kösters* und seine Mitarbeiter die gelbgrüne, von einer in flüssiger Luft gekühlten Entladungslampe emittierte Kryptonlinie $1s_3 - 3p_{10}$ ausgewählt, die allen anderen zu dieser Zeit bekannten Linien an Monochromasie weit überlegen war.

Im Jahre 1937 hatte die Entwicklung einen kritischen Punkt erreicht. Damals wurde der letzte von drei Anschlüssen des Meters an die gelbgrüne Linie in der PTR vorgenommen, die sich alle in die stattliche Reihe der von *Michelson*, von *Benoît*, *Fabry* und *Perot* und der inzwischen in Japan und im englischen National Physical Laboratory ausgeführten Meteranschlüsse gut einfügten. Dabei zeigte sich aber auch, daß die Wellenlängenwerte mit den zur Verfügung stehenden Lichtquellen nicht so

Abb. 9.　Interferometer zum Anschluß des Meters
an Lichtwellenlängen

genau reproduzierbar waren, wie vorher allgemein angenommen, und daß weitere Untersuchungen vor einer endgültigen Wellenlängendefinition des Meters notwendig waren. Die Informationen über Linienverbreiterungen, Linienverschiebungen oder Linienunsymmetrien waren noch unzulänglich. Es mangelte an einer Lichtquelle mit hinreichend gut definierten Bedingungen.

Was aber vor allem fehlte, war eine Linie von der erforderlichen über jeden Zweifel erhabenen Monochromasie. Denn daran konnte schon im Jahre 1937 nicht gezweifelt werden, daß die von Kadmium oder Krypton emittierten Linien im strengen Sinne nicht monochromatisch sind und daß streng monochromatische Strahlungen nur von den Atomen reiner Nuklide von gerader Massen- und Kernladungszahl erwartet werden können. Daher ergab sich die Notwendigkeit der Isotopentrennung. Zunächst bot sich noch keine Möglichkeit, reine Nuklide in der erforderlichen Menge herzustellen. Auch die im Jahre 1940 aus Amerika kommende Meldung von der künstlichen Erzeugung des Nuklids ^{198}Hg durch Bombardement von Gold mit Neutronen war nicht ermutigend, denn die von *Wiens* und *Alvarez* gewonnene Menge war so gering, daß die Lebensdauer einer damit gefüllten Lampe infolge der unvermeidlichen Gasaufzehrung nur nach Sekunden zählte. Es war daher eine glückliche Fügung, daß es im Jahre 1942 *Clusius* und *Dickel* mit dem von ihnen entwickelten Trennrohrverfahren gelungen war, gerade die Nuklide ^{86}Kr und ^{84}Kr in größeren Mengen rein darzustellen. Vom Jahre 1943 an konnten diese zu Untersuchungen und Messungen in der PTR herangezogen werden. Seit 1954 werden sie in der PTB laufend hergestellt. Damit ist die Erzeugung von streng monochromatischer Kr-Strahlung grundsätzlich möglich.

Die Untersuchung über die Einflüsse von Temperatur, Druck und Stromdichte auf die in den Entladungslampen erzeugten Linien nahmen in der PTR seit 1937 und später in der PTB einen breiten Raum ein. Sie konzentrierten sich seit 1953 vorwiegend auf die orangerote Strahlung $2p_{10} - 5d_5$ des Nuklids ^{86}Kr, da die von dem metastabilen Term $1s_3$ ausgehende gelbgrüne Linie $1s_3 - 3p_{10}$ der Selbstabsorption verdächtig ist und daher aus dem engeren Wettbewerb ausscheidet. In der Lichtquellentechnik konnte im Jahre 1951 von *Engelhard* ein entscheidender Fortschritt erzielt werden. Er besteht in einer neuen Betriebsweise von ^{86}Kr-Lampen, die es ermöglicht, den Kryptondruck sehr genau zu regeln und damit die Wellenlängenwerte auf etwa $\pm\ 10^{-9}$ genau zu reproduzieren.

Im Jahre 1957 waren alle Voraussetzungen erfüllt und der Zeitpunkt gekommen, zu dem ein definitiver Vorschlag einer Wellenlängendefinition des Meters gemacht werden konnte. Die 11. Generalkonferenz für Maß und Gewicht beschloß im Jahre 1960 einstimmig: „Das Meter ist das 1 650 763,73fache der Wellenlänge der von Atomen des Nuklids ^{86}Kr beim Übergang vom Zustand $5d_5$ zum Zustand $2p_{10}$ ausgesandten, sich im Vakuum ausbreitenden Strahlung".

Die erste Empfehlung des Internationalen Komitees für Maß und Gewicht für eine Lichtquelle zur Realisierung der neuen interferometrischen Längeneinheit sieht praktisch die in der PTB entwickelte Kryptonlampe vor. Zahlreiche Vergleichsversuche in den großen Staatslaboratorien hatten die gute Reproduzierbarkeit und zweckmäßige Handhabung erwiesen.

2. *Länge und Winkel*

a) Endmaße, Strichmaße, Längenmeßmaschinen

Prüfungen von *Parallel-Endmaßen*, die für die austauschbare Fertigung von großer Bedeutung sind, wurden schon seit der Jahrhundertwende in der PTR für Längen von 0,5 bis 1000 mm ausgeführt, wobei etwa ab 1920 interferenz-optische Meßverfahren zur Anwendung kamen. Nach 1948 konnte der Meßbereich bis 0,1 mm nach unten und bis 4000 mm nach oben erweitert werden. Dazu kamen Dickenmessungen an Schichten bis zu wenigen Nanometern und Prüfungen an Winkelendmaßen.

Für die Messungen von Maßen bis vier Meter Länge dient ein Komparator mit Optimetereinrichtung. Die Unparallelität der Meßflächen — früher durch Autokollimation bestimmt — wird heute nach einem interferentiellen Verfahren ermittelt, das die Verwendung einer Spektrallinie hoher Monochromasie umgeht, die Ablesung wesentlich erleichtert und die Meßunsicherheit auf ein Fünftel verringert.

Eine interferenz-optische Methode zur Messung dünner Schichten von weniger als 1 μm mit einer Meßunsicherheit von ± 1 nm ist 1943/45 an der PTR durch die Verwendung der Mehrfachreflexion zwischen Prüfling und der Referenzebene einer *Fizeau*-Anordnung entwickelt worden. Die Interferenzstreifen werden hierbei sehr schmal und scharf. Diese Methode wird in zwei Interferenzkomparatoren für Endmaße bis 100 mm und für solche von 100 mm bis 1000 mm Soll-Länge benutzt. Gemessen wird die Differenz Prüfling—Normal, wobei beide Endmaße an derselben Grundplatte zwangsfrei angesprengt sind. Die Vorteile der Differenzmessung liegen darin, daß die Korrektionen, die bei dem direkten Vergleich eines Parallel-Endmaßes mit der Lichtwellenlänge angebracht werden müssen, fortfallen und daß schneller gemessen werden kann. Für die Feststellung etwaiger Unparallelität zwischen Normal und Prüfling bei der Vergleichsmessung im 1-m-Komparator genügt nicht mehr die Kohärenzlänge selbst bester Spektrallinien wie die der orangen Linie des Kryptonisotops 86. Deswegen ist dafür eine Methode entwickelt worden, bei der ein neuartiges Quecksilber-Ebenheitsnormal (s. S. 126) in einem

Michelson-Interferometer gleichzeitig als Horizontalnormal verwendet wird. Die beiden Komparatoren für 100 mm und 1000 mm Maximallängen können bei Bedarf auch für den direkten Vergleich eines Endmaßes mit der Lichtwellenlänge benutzt werden.

Normale von Winkelstücken, die der Industrie als sogenannte *Winkelendmaße* bei der Einstellung von Werkzeugmaschinen dienen, lassen sich mit einer Meßunsicherheit von 1,5″ am Teilkreis mit Hilfe der Autokollimation bestimmen. Der Vergleich dieser Normale mit den Prüflingen der Industrie wird mit einer in der PTR entwickelten interferenz-optischen Methode, die eine zusätzliche Meßunsicherheit von nur 0,1″ bringt, durchgeführt.

Strichmaße haben in letzter Zeit besonders in der Präzisionsfertigung zunehmende Bedeutung gewonnen. Voraussetzung hierfür war die Verbesserung der Prüfmöglichkeiten, die in der PTB nach dem 2. Weltkrieg geschaffen wurde.

Für Prototypanschlüsse und für Teilungsprüfungen höchster Genauigkeit entstand zunächst ein Komparator in der klassischen Grundform, der außer für transversale auch für longitudinale Verschiebungen eingerichtet ist. Bei den Längen- und Ausdehnungsbestimmungen mit diesem Gerät konnte die Unsicherheit auf etwa ein Drittel der früheren Werte vermindert werden.

Die weitere Entwicklung der Strichmaßprüfung wird gekennzeichnet durch den Übergang von der subjektiven zur objektiven Messung. Dieser Fortschritt ist durch photoelektrische Meßmikroskope möglich geworden. Diese Geräte bringen über photoelektrische und elektronische Hilfsmittel die Lage eines Striches in bezug auf die optische Achse auf einem Strommesser zur Anzeige. Vorteile gegenüber den klassischen visuellen Meßmikroskopen sind hohe Meßgenauigkeit, Unempfindlichkeit gegenüber Störungen durch Körperwärme, Unabhängigkeit von subjektiven Einflüssen der Beobachter und eine Verminderung des Zeitaufwandes. Das Verfahren wird an der PTB seit 1958 für Messungen hoher Präzision eingesetzt. Der zu diesem Zweck gebaute Komparator kann durch ein Interferometer ergänzt und damit gleichzeitig auch für den Anschluß von Strichmaßen an Lichtwellenlängen verwendet werden. Die Messung geschieht dann in der Weise, daß der Maßstabtisch um den Strichabstand verschoben und die Verschiebung mit Hilfe des Interferometers in Wellenlängen bestimmt wird. Mit dem direkten Wellenlängenvergleich kann die Unsicherheit bei 100-mm-Strichmaßen bis auf etwa 0,1 µm herabgesetzt werden.

Für *Meßbänder und -drähte* sind neue Meßeinrichtungen in einem Tiefkeller des Abbe-Baus geschaffen worden. Die Prüfung der aufliegenden Meßbänder geschieht nach einem Koinzidenzverfahren auf einer 50-m-Meßbahn, deren Konsolen in Abständen von 0,5 m an einer Wand angebracht sind. Eine sogenannte Geodätische Basis (Abb. 10) dient der Vervielfachung des Meters und der Präzisionsmessung an frei durchhängenden Meßbändern und -drähten bis 50 m Länge mit einer relativen

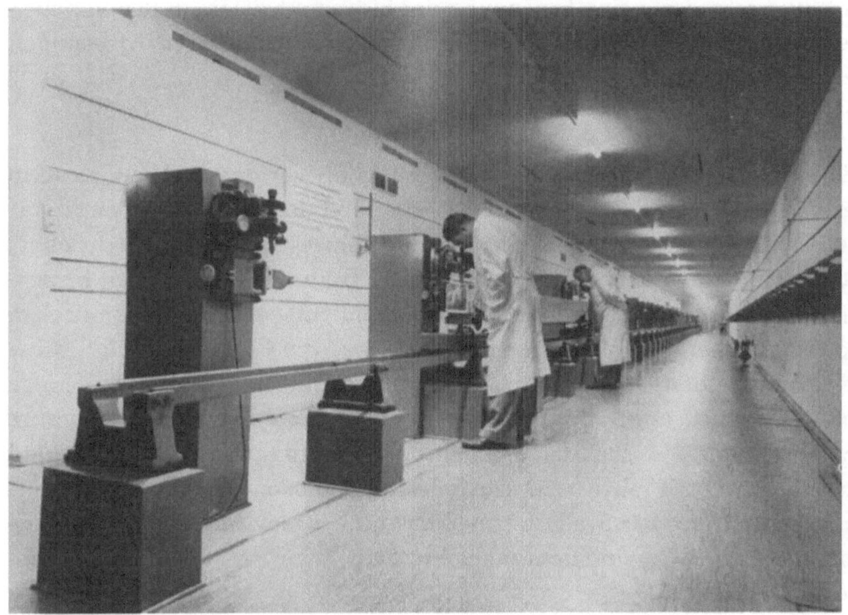

Abb. 10.   Komparator für die Prüfung von Meßbändern bis 50 m Länge

Unsicherheit kleiner als 10^{-6}. Durch eine Klimaanlage lassen sich Temperatur und Luftfeuchtigkeit des Raumes auf bestimmte Werte einstellen, so daß der Einfluß auf die Länge der aus verschiedenen Werkstoffen hergestellten Meßbänder ermittelt werden kann.

Längenmeßmaschinen wurden nach 1945 außer im bisherigen Anwendungsbereich auch zum Messen der aus Kunststoff hergestellten Folien, Rohre und Stangenprofile benötigt, da die Verwendung synthetischer Werkstoffe auf allen Gebieten in beachtlicher Weise zunahm. Die bisher bekannten Meßmaschinen für Textilien waren nicht ohne weiteres für Kunststoff-Folien geeignet. Während bei den Meßmaschinen für Textilien dafür gesorgt werden mußte, daß die Fehler, die durch Schlupf zwischen Meßwerk und Meßgut, ferner durch die Dicke, die Dehnung und die Oberflächenbeschaffenheit des Meßgutes bedingt sind, nicht in das Meßergebnis eingehen, braucht bei der Messung von Kunststoff-folien im allgemeinen nur die Dehnung des Meßgutes berücksichtigt zu werden. Die Herstellerfirmen haben in Zusammenarbeit mit der PTB neue Meßmaschinen geschaffen, die den technologischen Eigenschaften der neuen Materialien Rechnung tragen, wobei insbesondere die Ent-spannungsstrecke genügend lang ausgebildet werden muß. Diese Ent-wicklung erforderte eine Ergänzung der Eichvorschriften, in denen neben meßtechnischen Fragen auch die Fehlerquellen bei solchen Messungen behandelt werden.

b) Lehren, Zahnräder und Oberflächennormale

Die Prüfung von *Gewindelehren* spielte schon vor dem 2. Weltkriege in der PTR eine große Rolle. Ein erheblicher Teil der Prüfungsarbeit betraf die Beglaubigung von konischen Gewindelehren für die Erdöl-Tiefbohr-technik, die durch den stetig ansteigenden Treibstoffbedarf einen bemer-kenswerten Aufschwung erlebte. Auf Grund eines Abkommens mit dem Amerikanischen Petroleuminstitut (API) war die PTR ermächtigt, diese Lehren nach den API-Vorschriften zu beglaubigen. Nach dem Kriege konnten die Prüfungen der Lehren für Erdölbohrrohre und -leitungsrohre im Jahre 1948 und der Steilkegellehren für Bohrgestängeverbinder und Pumpgestänge im Jahre 1953 wieder aufgenommen werden. Eine Ergän-zungseinrichtung zur Steigungsmeßmaschine ermöglicht es, bei der Prü-fung konischer Gewindelehren gleichzeitig Konizität und Steigung zu messen.

Von großem Nutzen für die deutsche Werkzeugmaschinenindustrie war vor dem 2. Weltkriege die Entwicklung einer Prüfeinrichtung für Ge-windespindeln bis zu 5 m Länge. Nach langer Unterbrechung ist neuer-dings die Prüfung von Leitspindeln mit sehr hoher Genauigkeit wieder möglich.

Die Notwendigkeit, *Rundpassungslehren* und andere zylindrische Präzi-sionsteile bis herab zu kleinsten Dimensionen zu messen, führte 1943 zur Entwicklung von Meßgeräten für sehr kleine Bohrungen. Diese Geräte werden nunmehr industriell gefertigt. Für die Durchmesserbestimmung an großen Zylindern bis 300 mm Durchmesser dient eine besondere Meß-bügelanordnung, mit der eine Unsicherheit von etwa $\pm 1\ \mu m$ erzielt wird. Weitere neue Meßverfahren gestatten die Durchmesserbestimmung von Ringen und kleinen Zylindern mit Meßunsicherheiten unter $\pm 1\ \mu m$.

Auf dem Gebiet der *Zahnradprüfung* sind etwa ab 1936 wesentliche Fortschritte zu verzeichnen. Wichtige Ergebnisse, wie die Schaffung eines Einflanken-Wälzprüfgerätes und eines ersten Kreisteilungs-Prüfgerätes mit Theodolit und Kollimator fallen in jene Zeit. Nach dem 2. Weltkriege wurden die Meßeinrichtungen so weit vervollständigt, daß jetzt die Grundbestimmungsgrößen an Stirnrädern (Teilung, Flankenform, Flankenrichtung) gemessen werden können. Bei den Meßverfahren und Meßeinrichtungen gesteigerter Genauigkeit für Teilungsmessungen an Winkelnormalen und Zahnrädern ergab sich auch ein neues Verfahren zur Bestimmung der Eigenfehler von Winkelstrichteilungen. Die Untersuchung des Temperatureinflusses auf die Meßunsicherheit von Feinzeigern zeigte, daß bei der Messung der Summenteilungsfehler an Zahnrädern ein großer Fehler durch Summierung kleiner temperaturbedingter Meßwertabweichungen auftritt.

Die Entwicklung von *Oberflächennormalen* verschiedener Art fällt eng zusammen mit der zunehmenden Verbesserung der Feinbearbeitungsverfahren und den damit verknüpften Problemen der Oberflächenprüfung. Eine vordringliche Aufgabe war es, fertigungstechnische Vergleichsflächen, Referenznormale für die Justierung und Nachprüfung der Oberflächenmeßgeräte und geometrische Normale für den geplanten internationalen Vergleich der erstrebten Standardgeräte zu schaffen. Zur Herstellung der geometrischen Oberflächennormale dient eine Maschine mit extrem kleinen, aber sehr gleichförmigen Vorschubgeschwindigkeiten (bis herab zu etwa 50 mm pro Jahr), die es ermöglicht, Präzisionsgewinde mit 1000 Gängen und mehr je Millimeter zu erzeugen. Im Zusammenhang mit der Entwicklung dieser Normale gelang es, ein neuartiges Rundbearbeitungsverfahren zu finden, mit dem es erstmalig möglich ist, bei kleinster Unrundheit (0,1 bis 0,2 µm) eine Oberflächengüte zu erhalten, die sonst nur bei optischen Glasflächen erreicht wird. Die Aufklärung der Zusammenhänge, die zwischen der geometrischen Beschaffenheit fertigungstechnischer Oberflächennormale und dem Rauheitsempfinden bestehen, lieferte eine bessere Grundlage für eine subjektive Vergleichsprüfung. Auf Grund theoretischer und experimenteller Untersuchungen wurde ein neues, auf dem Prinzip einhüllender Flächen aufgebautes Bezugssystem, das sogenannte E-System (envelopping system) entwickelt. Die damit aufgezeigten Wege zur Messung der Gestaltabweichungen, insbesondere der Rauheit, bilden die Grundlage für die neuen deutschen und für einige ausländische Oberflächennormen.

3. *Zeit und Frequenz*

Aufgrund der Beschlüsse der Weltlängenkonferenz im Jahre 1900 begann man in Deutschland am 1. Juli 1913 mit der Aussendung von Zeitsignalen, denen astronomische Beobachtungen der Erdrotation zur Bestimmung des Mittleren Sonnentages zugrunde lagen. Mit der Definition der Sekunde als dem 86 400. Teil des Mittleren Sonnentages war auch die Einheit der Frequenz mit großer Genauigkeit festgelegt. Tatsächlich war es jedoch erst durch die Ausnutzung der mechanischen Eigenschwingungen von piezoelektrischen Quarzkristallen möglich, Frequenzen mit einer Genauigkeit zu messen, wie sie die astronomischen Beobachtungen prinzipiell ermöglichten.

Als die Entwicklung des Rundfunks und besonders des Gleichwellenfunks einsetzte, stiegen die Ansprüche an die Erzeugung und Messung von Frequenzen um mehrere Zehnerpotenzen. In den Staatslaboratorien mußten daher Anstrengungen unternommen werden, die Frequenzstandards entsprechend zu verbessern. Die Piezoelektrizität des Quarzes gab hierzu die Möglichkeit: 1922 baute *Cady* den ersten quarzgesteuerten Oszillator, und 1928 schuf *Marrison* die erste Quarzuhr.

a) Leuchtquarze und Quarzuhren

In der PTR führte die Entwicklung der Frequenznormale über die piezoelektrischen Leuchtresonatoren nach *Giebe* und *Scheibe* (1928) zu den Quarzuhren.

Zunächst galt das Interesse den Schwingungen von Quarzstäben, deren Längs-, Biege- und Torsions-Eigenfrequenzen für verschiedene Stabdimensionen in einem Frequenzbereich von etwa 1 kHz bis 15 MHz mit großer Genauigkeit gemessen wurden. Man fand, daß die Oberwellen der Stäbe nicht genau ganze Vielfache der Grundwellen sind und drückte diese „Harmonieabweichung" durch sogenannte „Seriengesetze" aus.

Die Bemühungen, einen Schwingquarz zu entwickeln, dessen Eigenfrequenz von der Temperatur praktisch unabhängig ist, waren erfolgreich. Es konnte gezeigt werden, daß quadratische Stäbe mit einem bestimmten Längen-Dickenverhältnis den Temperaturkoeffizienten Null haben können, ein für Frequenznormale äußerst wichtiges Ergebnis.

Die zu untersuchenden, mit kleinen Elektroden ausgerüsteten Quarzstäbe befanden sich in einem Neon-Heliumgemisch niedrigen Druckes und erzeugten eine gut sichtbare Glimmentladung, sobald die Frequenz eines elektrischen Wechselfeldes zwischen den Elektroden mit einer ihrer Eigenfrequenzen übereinstimmte und sie zu mechanischen Schwingungen anregte. Diese sehr klein und mit geringem Gewicht herstellbaren „Leuchtresonatoren" haben seinerzeit eine heute kaum noch bekannte technische Bedeutung erlangt, und zwar vor allem für die Frequenzkontrolle abstimmbarer, transportabler Sender. Leuchtresonatoren für Präzisionszwecke erlaubten eine relative Anschlußgenauigkeit bis $2 \cdot 10^{-6}$.

Der Schwingquarz in den Quarzuhren der PTR wurde aus einem Leuchtresonatortyp im Y-Schnitt entwickelt. Eine Oszillatorschaltung regt den Quarz zu ständigen Schwingungen (60 kHz) an, die mit einer Frequenzteilerkette auf eine so niedrige Frequenz untersetzt werden, daß damit ein Synchronmotor betrieben werden kann, der durch periodisch betätigte elektrische Kontakte Zeitsignale herstellt. Man fand mit diesen Quarzuhren relative Abweichungen vom langzeitigen Mittelwert von nur $2 \cdot 10^{-9}$. Eine derartige Präzision wurde damals von keinem anderen Meßverfahren erreicht. Bezogen auf einen Tag beträgt der Zeitfehler nur 0,2 ms.

Mit mehreren etwas unterschiedlich konstruierten Quarzuhren gelang *Scheibe* und *Adelsberger* durch Vergleich astronomischer Zeitsignale mit denen der Quarzuhren zum erstenmal (für 1934 und 1935) der direkte Nachweis von jahreszeitlich-periodischen Schwankungen der astronomischen Tageslänge, die von der Erdrotation abhängt. Diese Schwankungen erreichen zwar nur den sehr kleinen Betrag von 2 ms auf den ganzen Tag, doch summiert sich der Fehler innerhalb von einigen Monaten merklich.

Um die ungleichförmige astronomische Zeitskala wieder gleichförmig zu machen, berücksichtigte man die entdeckte Schwankung in der Folgezeit rechnerisch durch Korrekturen. Aber erst 1955 wurde durch internationale Beschlüsse die von den Schwankungen im wesentlichen befreite und nahezu gleichförmige Universalzeit (Weltzeit) UT 2 eingeführt, die allerdings den steigenden Ansprüchen hinsichtlich eines konstanten Zeitmaßes nicht voll genügt.

Von 1938 bis 1945 standen der PTR 5 Quarzuhren zur Verfügung, die als Normal für die Prüfung von Leuchtresonatoren und Sendern sowie für zahlreiche Frequenzmessungen im Hochfrequenzbereich bis in das Gebiet der Zentimeterwellen hinein benutzt wurden. Am 1. Januar 1939 begann die öffentliche Normalfrequenzaussendung der PTR (1000 Hz und 440 Hz) über den Deutschlandsender in Zeesen. Die Aussendung wurde 1945 eingestellt.

Durch den Krieg gingen sämtliche Quarzuhren der PTR verloren. Bei dem Wiederaufbau der PTB sollte die sich bietende Gelegenheit zu einer

5*

Weiter- und Neuentwicklung der Quarzuhren ausgenutzt werden. In umfangreichen experimentellen und theoretischen Untersuchungen ist ein neuer Typ eines Quarzuhrenoszillators entstanden, der gegen die frequenzbeeinflussenden Parameter sehr viel weniger empfindlich ist, als es frühere Konstruktionen waren. Die sorgfältig vorbehandelten Quarzstäbe erhielten eine neuartige dämpfungsarme Halterung und sehr lose angekoppelte ringförmige Elektroden. Der Gütefaktor Q dieser Quarze liegt zwischen 5 und 8 Millionen gegenüber einem Q-Wert von etwa 200 000 für die Quarze in den früheren Quarzuhren der PTR. Die neuen Quarze zeichnen sich weiterhin durch ungewöhnlich kleine „Frequenzdrift" aus. Darunter versteht man eine bei Quarzuhren bisher unvermeidliche, langsame Frequenzänderung — meist eine Frequenzerhöhung — im Laufe der Zeit. Bei einigen der 6 Quarzuhren beträgt die relative Frequenzerhöhung weniger als $1 \cdot 10^{-11}$ pro Tag. Dies bedeutet, daß die Uhr gegenüber dem Vortag um weniger als ein Millionstel Sekunde vorgeht. Derartig kleine Frequenzdriften können nur mit Hilfe von Atomuhren nachgewiesen werden.

Die Quarzuhren der PTB sind in zwei Gruppen in klimatisierten Kellerräumen untergebracht. Eine dritte Quarzuhrengruppe wurde in der Funksendestelle Mainflingen der Deutschen Bundespost aufgestellt. Seit dem 1. Januar 1959 werden über den von einer Quarzuhr der PTB gesteuerten Sender DCF 77 (77,5 kHz) in Mainflingen werktäglich von 08.00 bis 13.00 Uhr MEZ Normalfrequenzen und Zeitmeßmarken ausgesendet. Außerdem überträgt der Sender astronomische Zeitzeichen des Deutschen Hydrographischen Instituts, Hamburg. Die relativen Abweichungen der Normalfrequenzen vom Sollwert werden alle zwei Monate veröffentlicht.

Die PTB fördert damit aktiv die Möglichkeit zum internationalen Frequenzvergleich. Mit Hilfe einer Rhombus-Richtantenne und eines Antennenturms werden die Normale anderer Staatsinstitute auf dem Funkwege regelmäßig mit den Quarzuhren verglichen. Die drei Quarzuhrengruppen der PTB, die ständig gegeneinander kontrolliert werden, erlauben die Bildung einer mittleren „Bezugsfrequenz", deren zeitlicher Verlauf sich mit großer Genauigkeit interpolieren und extrapolieren läßt. Bei Vergleichen mit Cäsiumresonatoren (Atomuhren) des National Physical Laboratory in Teddington (England) und der Zweigstelle des National Bureau of Standards in Boulder (USA) ergaben sich relative mittlere Abweichungen der Monatsmittelwerte von etwa $\pm 2 \cdot 10^{-10}$ in den Jahren 1956—1961.

b) Atom- und Moleküluhren

Da die Erdrotation nicht nur jahreszeitliche Schwankungen, sondern auch unregelmäßige Änderungen aufweist, beschloß die X. Generalkonferenz für Maß und Gewicht 1956 eine Neudefinition der Sekunde auf der Basis des Umlaufs der Erde um die Sonne: „Die Sekunde ist der 31 556 925,9747te Teil des tropischen Jahres für 1900, Januar 0, 12 Uhr Ephemeridenzeit".

Wegen der unvermeidlichen astronomischen Beobachtungsfehler bedurfte es einer Meßzeit von 6 Jahren, um die neue Einheit mit dem relativen Fehler von $2 \cdot 10^{-9}$ darzustellen. Während dieser langen Meßzeit muß die Frequenz der verwendeten Uhr entsprechend konstant sein. Quarzuhren erfüllen diese Bedingung nicht mit Sicherheit. Atom- oder Moleküluhren, in denen geeignete Eigenfrequenzen von Atomen oder Molekülen zur Erzeugung oder Stabilisierung einer Frequenz ausgenutzt werden, lassen sich jedoch mit der geforderten Langzeitkonstanz herstellen. Ohne diesen neuen Uhrentyp wäre die obige Definition der Zeiteinheit praktisch nicht verwertbar.

Da aber sogar Langzeitkonstanzen von 10^{-10} von Atomuhren bereits erreicht worden sind und neuere Verfahren, wie z. B. der Wasserstoffmaser, noch höhere Genauigkeiten erwarten lassen, hat die XI. Generalkonferenz für Maß und Gewicht die Mitgliedstaaten der Meterkonvention aufgefordert, die notwendigen Vorarbeiten für eine Neudefinition der Sekunde auf der Basis einer Atom- oder Molekülschwingung zu leisten und beschleunigt voranzutreiben. In der Bundesrepublik ist es die PTB, der die Bearbeitung dieser Aufgabe zufällt.

Gegenwärtig gibt es folgende bekannte Verfahren: Der Atomstrahlresonator, der Ammoniakmaser, der Wasserstoffmaser und die Gaszellenatomuhr. An der PTB werden diese Anordnungen aufgebaut und auf ihre Eignung als mögliche primäre oder sekundäre Standards untersucht. Auf dem Gebiet des Cäsium-Atomstrahlresonators und des Ammoniakmasers liegen bereits wichtige technische und wissenschaftliche Ergebnisse vor.

Der an der PTB entwickelte Cs-Resonator, mit dem die Frequenz eines Quarzoszillators an die bei 9,2 GHz liegende Hyperfeinstrukturübergangsfrequenz angeschlossen wird, ist 4 m lang. Die wirksame Länge seines Hochfrequenzfeldes, die für die erreichbare Frequenzgenauigkeit entscheidend ist, beträgt 1,10 m. Es wird eine relative Frequenzstabilität von mindestens $2 \cdot 10^{-11}$ erwartet, womit der jährliche Zeitfehler unter 1 ms bleibt. Das Besondere der Konstruktion ist, daß der Atomstrahl in

einer Vakuumhülle aus Glas läuft, so daß nirgends justierbare Metall-
einschmelzungen in der Vakuumhülle erforderlich sind. Das System kann
daher nach dem Abschmelzen vom Pumpstutzen mit Hilfe einer Getter-
pumpe fast beliebig lange auf höchstem Vakuum gehalten werden. Eine
spezielle von außen wirkende Justiereinrichtung erlaubt es, die Lage des
Ofenspalts, des Kollimatorspalts und des Auffängers zueinander sehr
fein einzustellen.

Beim Ammoniakmaser fliegt ein Ammoniakmolekülstrahl im Hochvakuum zunächst durch ein mit „Separatorelektroden" hergestelltes, in-
homogenes elektrisches Feld und dann durch einen Mikrowellenresona-
tor, der auf die Frequenz der Inversionsschwingung der Ammoniak-
moleküle bei 23 GHz abgestimmt ist. Bei genügender Strahlstärke wird
der Resonator auf diese Weise zu sehr konstanten Schwingungen angeregt. Ein Teil der Schwingleistung, etwa 10^{-10} Watt, wird ausgekoppelt
und steht für Frequenzvergleiche, z. B. für einen Vergleich mit einer geeigneten Oberwelle eines Quarzuhrenoszillators zur Verfügung.

An der PTB wurden bisher zwei verschieden konstruierte Ammoniakmaser zur Oszillation gebracht und näher untersucht. Bei dem ersten
Maser wird ein Rechteckresonator vom Schwingungstyp E_{110} verwendet,
der aus geschliffenen Platten aufgebaut ist. Der Strahl ist bandförmig
und wird mit zahlreichen parallelen Kanälen hergestellt. Die Elektroden
bestehen aus zwei Sätzen von parallelen Drähten von 11 cm Länge, die
abwechselnd positiv und negativ geladen sind und zwischen denen die
Moleküle hindurchfliegen.

Bei dem zweiten Maser, in dem ein runder Resonator vom Typ E_{013} verwendet wird, ist es erstmals gelungen, den Strahl so präzis zu führen,
daß praktisch keine Moleküle mit der Innenwand des Resonators zu-
sammenstoßen. Die Elektroden haben eine Länge von nur 5 cm — gegenüber Elektrodenlängen von 20 bis 30 cm, wie sie in anderen bekannt gewordenen Anordnungen benötigt werden. Dieser Maser wird seit Ende
1961 regelmäßig mit einer Quarzuhr verglichen.

Im Zusammenhang mit den Untersuchungen am Ammoniakmaser erwies
es sich für eine optimale Dimensionierung der Maser als notwendig,
umfangreiche experimentelle und theoretische Untersuchungen über die
Strahlbildung aus Kanälen anzustellen, deren Länge groß gegen die freie
Weglänge der Moleküle ist. Die erhaltenen Ergebnisse sind nicht nur für
die Maserentwicklung, sondern auch für andere Zweige von Physik und
Technik von Bedeutung.

Atom- und Moleküluhren verdienen ihren Namen voll erst, wenn sie mit Frequenzteilern versehen sind und im Dauerbetrieb ohne jede Unterbrechung arbeiten. Hierfür eignen sie sich zur Zeit noch nicht. Man verfährt daher allgemein so, daß man die Quarzuhrenfrequenzen in regelmäßigen Zeitabständen mit den Atom- oder Molekülfrequenzen vergleicht und die Quarzuhren korrigiert. Auf diese Weise wird die Konstanz der Atomnormale mit der Dauerbetriebssicherheit der Quarzuhren verknüpft.

c) Mechanische Uhren

Uhrentechnische Untersuchungen wurden erst seit 1931 in größerem Umfange an der PTR ausgeführt, nachdem der Wunsch nach wissenschaftlicher Förderung dieses Gebietes immer dringender vorgebracht worden war. Die vor dem 2. Weltkrieg gewonnenen Ergebnisse, z. B. über Gangleistungen von Taschen- und Armbanduhren und ihre Gebrauchsbedingungen trugen dazu bei, daß die Uhrenindustrie zur Herstellung großer Stückzahlen sehr präziser Gebrauchsuhren übergehen konnte. Wenn diese den Bedingungen entsprechen, die von der Internationalen Chronometerkommission festgelegt sind, dürfen sie als „Chronometer" bezeichnet werden. Für die Prüfung derartiger Uhren wurde an der PTB ein objektives Meßverfahren entwickelt, bei dem die Stände vieler tausend Uhren täglich photographisch festgehalten und die Prüfungsergebnisse mit einer programmgesteuerten Rechenmaschine berechnet werden, die auch die Prüfungszeugnisse druckt. Das Landesgewerbeamt in Stuttgart prüft Chronometer seit 1956 in der angegebenen Weise nach den Richtlinien der PTB.
Mit verbesserten Prüfgeräten können neuerdings die systematischen Fehler sowie Zufallsfehler und Funktionsstörungen des Start- und Stoppmechanismus der Stoppuhren von Gang- und anderen Fehlern getrennt ermittelt werden. Diese Untersuchungen haben wesentlich zur Verbesserung der Stoppuhren, insbesondere der eichfähigen Ausführungen, beigetragen.

Für genaue Sportzeitmessungen wird auch heute noch das Meßprinzip benutzt, das der Zielzeitkamera zugrunde lag, die in der PTR zusammen mit den Firmen Zeiss und Agfa für die Olympischen Spiele in Berlin im Jahre 1936 entwickelt worden war. Zwei Kameras dieser Bauart dienten 1939 zur Messung von Flugzeug-Rekord-Geschwindigkeiten über eine Meßstrecke von 3 km.

Durch sehr genaue Vergleiche der Gänge zweier von *Schuler* gebauten Pendeluhren mit einer Quarzuhr konnte im Jahre 1948 die Kurve der von den Gezeitenkräften der Sonne und des Mondes verursachten Schwereschwankungen unmittelbar bestimmt werden. Daraus ließ sich die geophysikalische Konstante $(1 + h - \tfrac{3}{2} k)$ nach *Love* berechnen, die das Verhältnis der für eine starre Erde berechneten Amplituden zu den beobachteten angibt.

4. *Entwicklungen im Waagenbau; Massebestimmung*

a) Handelswaagen

Die Tätigkeit der PTR auf dem Waagengebiet war schon vor dem 2. Weltkrieg ziemlich umfangreich. Neue Bauarten von Waagen mußten geprüft und zur Eichung zugelassen werden. Die Prüfmethoden und Vorschriften waren dem Stand der Technik anzupassen.

Nach dem Kriege setzte etwa seit 1950 eine stürmische Weiterentwicklung ein, die sich sowohl auf neuartige Bauteile wie Winkelhebel als Lastübertragungselemente als auch auf neue Meßprinzipien wie z. B. die Übertragung der Last auf mechanisch-elektrische Meßdosen erstreckte. Verbesserte Federn ermöglichten es, daß damit ausgerüstete Waagen die Fehlergrenzen üblicher Handelswaagen einhalten; die Federwaage gewann wieder an Bedeutung. Auch ein Vordringen des Stahlschweißbaues und des Stahlbetons (Waagenbrücken) in den Waagenbau war zu verzeichnen. Dazu kamen die Forderungen nach Automatisierung. Man wünscht rascher als bisher zu wägen, man wünscht über den Wägevorgang Produktionsprozesse zu steuern. Man automatisiert z. B. das Abwägen (Gattieren) der Rohstoffanteile von Gemengen, oder, um den Stoffstrom nicht zu unterbrechen, das Wägen in Förderbandanlagen.

Um dieser Entwicklung Rechnung zu tragen, waren an der PTB neue Prüfverfahren auszuarbeiten, die neben baulichen Maßnahmen zum Teil einen erheblichen apparativen Aufwand erforderten. Eine im Neubau für die Waagenlaboratorien untergebrachte Fördereinrichtung für etwa 5 t umlaufendes Förder- oder Wägegut gestattet jetzt die Prüfung auch größerer Bauarten selbsttätiger Waagen, sowie von Förderband- und Dosierbandwaagen. Zur Speisung dieser Waagen während der Versuche dienen Förderbänder und 3 Bunker mit etwa je 2 t Fassungsvermögen mit verschiedenartigen Abzugseinrichtungen für Fördergüter unterschiedlicher Körnung und Dichte.

In dem Bestreben, beim Wägevorgang möglichst ohne besondere Anforderungen an den Wäger auszukommen, d. h. um die Bedienung der Waage zu erleichtern oder um die Wägeergebnisse zu registrieren und auszuwerten, werden die verschiedenartigsten Zusatzeinrichtungen benutzt, wie Buchungsmaschinen oder Steuereinrichtungen mit Lochkarten. Auch diese Entwicklung, die die „Zusatzeinrichtungen" der Waage immer wichtiger werden läßt, bedingte eine ständige Anpassung der Prüfmethoden. Bei Waagen mit Buchungsmaschinen und Preisrechenwerken muß durch Dauerprüfungen festgestellt werden, ob die Waage zuverlässig arbeitet. Dazu wird entweder jedes Wägeergebnis gedruckt oder bei einem falschen Abdruck die Dauerprüfanlage stillgesetzt. Bei zahlreichen elektrischen Bauelementen wie Transistoren, Dioden und Photohalbleitern, die bei neuen Waagenkonstruktionen verwendet werden, wird der Einfluß von Temperatur-, Feuchte-, Strom- und Spannungsänderungen festgestellt. In einem Klimaprüfschrank werden daher nicht nur vollständige Waagen, sondern auch temperaturempfindliche Einzelteile auf ihre Zuverlässigkeit untersucht.

Wenn in manchen Fällen zur Beschleunigung des Betriebsablaufes sich bewegende Lasten gewogen werden sollen, beispielsweise rollende Waggons oder lebendes Vieh, muß das Schwingungsverhalten der Waage studiert werden. Hierzu wurden mechanisch-elektrische Wandler entwickelt, die an verschiedenen Stellen der Waage eingebaut werden können. Die Oszillogramme geben Aufschluß über die Wirksamkeit der Schwingungsdämpfer in der Hebelkette. Die Meßanlage ist transportabel, so daß am Aufstellungsort der Waage unter Betriebsbedingungen gemessen werden kann.

b) Massebestimmung

Als Urnormal der PTB dient die Kopie Nr. 52 des Internationalen Kilogramm-Prototyps. Der Anschluß der Normal-Kilogrammstücke wird auf der Waage „Rueprecht 10" vorgenommen, die so aufgestellt und mit allen Erfordernissen einer hochpräzisen Wägetechnik versehen ist, daß der Anschluß unter einem Minimum von Fehlermöglichkeiten vor sich gehen kann. Für die Bestimmung der Fehler von Normalgewichten von 1 bis 500 Milligramm wurde eine Waage entwickelt, deren Balken auf zwei Spitzen schwingt. Die Unsicherheit der Wägung beträgt $\pm$ 0,5 µg.

Bereits seit dem Jahre 1953 steht für den Anschluß und das Wägen großer Massen eine 100-t-Gleis- und Fahrzeugwaage zur Verfügung. Dazu gehört eine 100-t-Normalmasse bestehend aus 2 Fahrzeugen mit je 20 t und aus 30 Blöcken zu je 2 t. Mit der Prototypwaage sowie mit 9 anderen Waagen hoher Empfindlichkeit für Höchstlasten von 20 g bis 12 000 kg, deren Wägebereiche sich überdecken, war es erstmalig möglich, eine Gesamtmasse von 100 t mit einer Unsicherheit von ± 6 kg zu bestimmen. Diese Masse kann mit Hilfe einer besonderen Belastungseinrichtung auch zur Erzeugung von Zugkräften bis 100 000 kp verwendet werden (s. S. 75).

Abb. 11.   100-t-Gleis- und Fahrzeugwaage;
im Hintergrund Belastungseinrichtung mit unmittelbarer Massenwirkung
für Zugkräfte bis 100 000 kp

5. *Kraft und Fallbeschleunigung*

a) Kraftmessung

Das Gebiet der Kraftmessung wurde von der PTB im Jahre 1949 als neue Aufgabe übernommen. Dabei stand die Prüfung von Kraftmeßgeräten, die als Übertragungsnormale für Werkstoffprüfmaschinen gebraucht werden, im Vordergrund. Für die sogenannte technische Krafteinheit hatte schon die PTR im Jahre 1939 die Bezeichnung Kilopond (1 kp = 9,806 65 Newton) für ihren Geschäftsbereich eingeführt, um Verwechslungen mit der Masseneinheit Kilogramm zu vermeiden.

Zur Erzeugung statischer Kräfte dienen Belastungsmaschinen, von denen diejenigen mit unmittelbarer Massenwirkung — unmittelbar zum Unterschied gegen die hebelübersetzte, mittelbare Massenwirkung — Kraftnormale erster Ordnung darstellen. Die Massen sind im allgemeinen auf ± 0,001 bis ± 0,005 % bestimmt; für die Berechnung der Kräfte ist die genaue Kenntnis der örtlichen Fallbeschleunigung notwendig. Die hydraulischen Belastungsmaschinen werden als Kraftnormale zweiter Ordnung betrachtet. Errechnet man bei diesen Maschinen die Kraft aus dem Druck und der wirksamen Kolbenfläche, so kann das Ergebnis durch die elastische und temperaturbedingte Verformung von Kolben und Zylinder sowie durch hydraulische Einflüsse gefälscht werden. Wie Rechnungen gezeigt haben, ist dieser Fehler bei den in der PTB verwendeten hydraulischen Belastungsmaschinen nicht größer als 0,02 %.

Bisher kann in der PTB die Kraftskala von 300 kp bis 300 000 kp bei Zugbeanspruchung und bis 600 000 kp bei Druckbeanspruchung realisiert werden. Hierzu dienen eine Belastungsmaschine mit unmittelbarer Massenwirkung bis 10 000 kp, eine hydraulische bis 60 000 kp und eine weitere hydraulische für Zugbeanspruchung bis 300 000 kp und für Druckbeanspruchung bis 600 000 kp. Außerdem steht eine Belastungseinrichtung zur Verfügung, mit der Zugkräfte bis 100 000 kp durch unmittelbare Massenwirkung erzeugt werden können; als Masse wird das aus mehreren Teilen zusammengesetzte 100-t-Normal der PTB benutzt (vgl. S. 74). Die Erweiterung der Kraftbereiche für beide Beanspruchungsarten bis 20 kp nach unten und 1 500 000 kp nach oben wird vorbereitet.

Als Kraftmeßgeräte für Zug- oder Druckbeanspruchung dienen zylindrische oder bügelförmige Körper aus hochwertigem Chromnickelstahl, deren elastische Verformung mit einem vom Verformungskörper abnehmbaren oder mit ihm fest verbundenen Verformungsmeßgerät gemessen wird, z. B. mit dem in Deutschland am häufigsten angewendeten Spiegelmeßgerät nach *Martens* oder mit Dehnungsmeßstreifen und Meßbrücke. Für diese Messungen ist die Kenntnis der wahren Verformungen nicht erforderlich.

Nach Untersuchungen in der PTB ist die Einleitung der Kraft von der Belastungsmaschine in den Verformungskörper eines Kraftmeßgerätes von besonderer Bedeutung für seinen Anwendungsbereich. Es ergab sich, daß eine Änderung der Krafteinleitung sowohl eine Änderung der Charakteristik, die den Zusammenhang zwischen Kraft und Verformung wiedergibt, bewirkt als auch den Variationskoeffizienten (relative Standardabweichung) in den ersten Kraftstufen erhöht. Um diese Effekte auszuschalten, werden in der PTB hydrostatische Lager entwickelt. In einer weiteren Reihe von Untersuchungen wurde die Umkehrspanne, d. h. die Differenz der bei zunehmender und abnehmender Kraft gemessenen Verformungswerte, als Funktion der Spannung und der höchsten aufgebrachten Kraft ermittelt. Dabei zeigte sich, daß die Umkehrspanne bei gleicher Kraft wegen der hohen Spannungsspitzen in flachovalen Kraftbügeln größer als in den gleichmäßig beanspruchten Zugstäben ist.

Ferner wurden Meßbedingungen geschaffen, die für das Spiegelmeßgerät nach *Martens* eine Reproduzierbarkeit der Verformungswerte auf ± 0,05 bis 0,03 % gestatten. Zur Beurteilung der Austauschbarkeit von Spiegelapparaten ist für die Ermittlung der Breite der Schneidenkörper, die in die optische Vergrößerung eingeht, eine Meßeinrichtung unter weitgehender Annäherung an die Gebrauchsbedingungen entwickelt worden. Es konnte eine Übereinstimmung auf ± 0,1 % der Verformungswerte erreicht werden; Abweichungen verursachen im wesentlichen die Ungleichmäßigkeiten der der Schneidenkante zuzuordnenden Radien, für die Werte von 2 bis 10 μm gemessen wurden.

In die Berechnung des Elastizitätsmoduls aus Verformungsmessungen mit dem Spiegelmeßgerät gehen die wahren Verformungen ein, die durch eine Korrektion der gemessenen Werte gewonnen werden. Neuere Messungen in der PTB ergaben, daß die bisher allgemein gebräuchlichen Korrektionen zu klein sind.

Durch Anwendung von Dehnungsmeßstreifen und einer in ihrer Empfindlichkeit wesentlich verbesserten Meßbrücke konnte sichergestellt werden, daß die Kraftstufen einer hydraulisch betriebenen Belastungsmaschine auf mindestens 0,02 % reproduzierbar sind.

b) Fallbeschleunigung

Da die Fallbeschleunigung örtlich und in geringem Maße auch zeitlich veränderlich ist, bedarf es sogenannter relativer Schweremessungen zum Anschluß an die Absolutbestimmungen. Die Überprüfung des Anschlusses der PTB an die Absolutbestimmung in Potsdam deckte Irrtümer über Größe und Einfluß des vertikalen Schweregradienten auf und zeigte außerdem, daß der Potsdamer Schwerewert unvollständig definiert war. Auf Grund dieser Arbeiten wurde 1959 von der Internationalen Union für Geodäsie und Geophysik eine Resolution angenommen, in der die zur Kennzeichnung des Potsdamer Wertes notwendigen Daten eindeutig festgelegt worden sind.

Ein schon 1939 vorgeschlagener Versuch zur Bestimmung der lokalen Fallbeschleunigung wird in der PTB durchgeführt. Dabei fällt im Hochvakuum ein mit einer photographischen Schicht überzogener Stab, auf dem durch zeitgenau gesteuerte Lichtblitze während des Falles photographische Längenmeßmarken erzeugt werden. Bei diesem Versuch werden die Störungen des freien Falles durch den restlichen Luftwiderstand, Magnetfelder, Temperaturgradienten und Mikroseismik durch eine hochvakuumgerechte Bauweise, unmagnetische und nichtleitende Materialien sowie elektrostatische Halterung des Fallstabes vermieden.

Die Bestimmung von Schweregradienten am Orte der beschriebenen Apparatur führte zur Aufdeckung beachtlicher Einflüsse magnetischer Felder auf die Anzeige von Gravimetern verschiedener Bauweise.

6. *Mengenmessung von Flüssigkeiten und Gasen*

Auf dem Gebiet der *Mengenmessung von Flüssigkeiten* führten die besonders in den letzten Jahren sprunghaft gestiegene Motorisierung, die auf Kosten der Kohle stark zunehmende Verwendung von Heizöl für Industrie und Haushalte, aber auch die wachsende Bedeutung des Luftverkehrs zu einer stürmischen, kaum voraussehbaren Entwicklung der Volumenmeßgeräte für Mineralöle. Wenn auch manche wichtigen Grundlagen für Mineralölmeßgeräte schon vor dem Kriege erarbeitet worden waren — es sei in diesem Zusammenhang auf die Meßverfahren für die trockene Ausmessung von Lagerbehältern, die Bauvorschriften für Lagerbehälter und Meßkammertankwagen und auch die Bau- und Prüfvorschriften für Flüssigkeitszähler mit beweglichen Trennwänden hingewiesen —, so entstanden doch durch die breite Entwicklung der letzten Jahre viele neue Probleme, deren Bearbeitung erhebliche bauliche und apparative Aufwendungen notwendig machte. So mußte ein Prüfstand errichtet werden, auf dem Zähler für dünnflüssige Mineralöle bis zu einer maximalen Durchflußstärke von 3500 l/min untersucht werden können. Noch größere Durchflußstärken bis 25 000 l/min werden in dem neuen Prüfstand für Wasserzähler und Durchflußmeßgeräte erreicht, der von einem in 30 m Höhe im Willi-Wien-Turm untergebrachten Vorratsbehälter gespeist wird.

Eine vordringliche Aufgabe ist die Untersuchung neuer Zählertypen aller Größen für Flüssigkeiten vom zähflüssigen heißen Heizöl über die dünnflüssigen Mineralöle bis zum Flüssiggas. Dazu kommen zahlreiche Spezialflüssigkeiten, wie z. B. flüssiger Schwefel oder flüssiges Ammoniak. Hierbei ist es wichtig, die Abhängigkeit der Fehlerkurve (Fehler als Funktion der Durchflußstärke) von Eigenschaften der durchströmenden Flüssigkeit und des Zählers zu kennen. Auf Grund der experimentellen Erfahrungen konnte unter stark vereinfachenden Annahmen eine Formel abgeleitet werden, die diese Abhängigkeit angenähert darstellt. Zur schnellen Ermittlung des periodischen Fehlers, der nur bei kleinen Abgabemengen von Bedeutung ist, wurde ein neues kinematographisches

Abb. 12.   Prüfstand für Mineralölzähler

Verfahren entwickelt, das sich bei der Untersuchung zahlreicher neuer Zählertypen besonders wegen der Zeitersparnis gut bewährt hat.

Außer den Zählern selbst wurden auch Zählerkombinationen für die Messung von einstellbaren Benzin-Öl-Gemischen oder von bestimmten Mischungen von Benzin und Superkraftstoff sowie viele Zusatzgeräte, von denen in letzter Zeit Fernzählwerke und Ferndruckwerke an Bedeutung gewonnen haben, auf ihre Zuverlässigkeit geprüft. Auch die mit Flüssigkeitszählern versehenen sogenannten Meßanlagen, z. B. an Straßentankwagen, an Flugfeldtankwagen, für die Übernahme von Mineralölen aus Schiffen, für Fernleitungen, für die Abgabe von Mineralölgemischen wechselnder Zusammensetzung oder für die Annahme von

Milch auf Fahrzeugen, waren Gegenstand zahlreicher Untersuchungen. Erwähnt seien schließlich die umfangreichen Arbeiten, die zur Ermittlung der Eichfähigkeit von neuartigen Behälterstand-Meßgeräten, deren Genauigkeit nicht geringer als die der einfachen Peilbandmethode sein soll, auszuführen waren. So mußte u. a. bei den meßtechnisch sehr ungünstigen Lagerbehältern mit Schwimmdach festgestellt werden, unter welchen Voraussetzungen sie noch als brauchbare Volumenmeßgeräte im eichpflichtigen Verkehr verwendet werden können.

Bei der *Mengenmessung von Gasen* war die Entwicklung vor allem durch den starken Aufschwung der industriellen Gaserzeugung und Gasverwendung vorgezeichnet. Neue Meßgeräte und neue Meßverfahren ergaben immer umfangreicher und komplizierter werdende Aufgaben.

Die notwendigen Voraussetzungen für ihre Bewältigung schuf ein im Jahre 1952 begonnener Neuaufbau der Gaszählerprüfanlagen. Es entstanden in ihrer Art und Zweckbestimmung wohl einmalige Einrichtungen. Mit ihnen können nunmehr unter Verwendung volumetrisch messender Geräte wie Trommelgaszähler und Drehkolbengaszähler verschiedener Größen und von Durchflußmeßverfahren Prüfungen mit Luft bis zu einer Durchflußstärke von 18 000 m³/h durchgeführt werden. Den Anschluß der Gasvolumenmessung an die Grundeinheiten stellt eine kleine Fundamentalapparatur her, bei der das zu messende Volumen mit einer Unsicherheit $< \pm 0{,}1\,\%$ aus der Wägung einer äquivalenten Wassermenge bestimmt wird.

Die bei dem Aufbau der eigenen Prüfanlagen gewonnenen Erfahrungen ließen sich auch bei dem Neuaufbau der Prüfstände bei den Gaszählerherstellern verwerten. Insbesondere wurde mit Erfolg die Umstellung der für die Eichung von Haushaltsgaszählern fast ausschließlich benutzten Kubizierapparate (Meßglocken) von Wasser- auf Ölfüllung empfohlen, um den unkontrollierbaren und die Meßsicherheit oftmals sehr beeinträchtigenden Einfluß der Wasserverdunstung zu beseitigen. Durch eingehende Untersuchungen über den Zusammenhang der Struktur der Fehlerkurve mit den geometrischen Verhältnissen konnte die Entwicklung von Normal-Trommelgaszählern so weit gefördert werden, daß sie hinsichtlich der Meßsicherheit den Kubizierapparaten nicht mehr nachstehen und diese wegen ihrer betrieblichen Nachteile wohl nach und nach verdrängen werden.

Für die Großgasmessung stellte die Entwicklung des Meßradgaszählers zu einer eichfähigen Bauart einen bedeutsamen Fortschritt dar. Diese in der Ausführung als Schraubenradgaszähler auf strömungstechnischem

Meßprinzip beruhende neue Gaszählergattung erforderte eingehende theoretische und experimentelle Untersuchungen über den Zusammenhang der Fehlerkurve mit der Dichte und Viskosität des zu messenden Gases.

Die zunehmende Anwendung höheren Druckes beim Gastransport und bei der Gasspeicherung sowie der Einsatz von Gasen wie Erdgas und Erdölgas, die mit hohem Druck aus der Produktion anfallen, machte eine Studie über die Meßeigenschaften von Hochdruckgaszählern — die bei der Eichung wie alle anderen Gaszähler nur mit Luft bei annähernd Atmosphärendruck geprüft werden —, dringend erforderlich. Mit tatkräftiger Unterstützung der Ferngas Salzgitter GmbH konnte auf dem Gelände des Hüttenwerkes Salzgitter ein Prüfstand errichtet werden, auf dem nunmehr alle Gaszähler-Bauarten bis zur Größe NB 500 bei Gasüberdrücken bis zu 15 at systematisch untersucht werden. Naturgemäß blieb die Steigerung des Druckes bei der Gasmessung auch nicht ohne Einfluß auf die Entwicklung der selbsttätigen Zustands-Mengenumwerter. Unter anderem mußte für die mehratomigen Gase die Abweichung vom Verhalten eines idealen Gases in den Rahmen der Arbeiten mit einbezogen werden.

Bei den Haushaltsgaszählern war die technische Entwicklung hauptsächlich durch den Übergang von der handwerklichen zur fabrikmäßigen Fertigung und durch die Einführung von Kunststoffen bestimmt. Die Eignung der neuen Werkstoffe mußte durch eine mehrjährige Erprobung nachgewiesen werden.

7. Meßgeräte im Verkehrswesen

Von den zahlreichen und sehr verschieden gearteten Meßgeräten, die heute im Verkehrswesen angewendet werden, fielen in den Jahren zwischen den beiden Weltkriegen zunächst nur Wegstreckenzähler unterschiedlicher Gattungen sowie Fahrpreisanzeiger an Kraftdroschken unter den Begriff der „Meßgeräte zur Bestimmung des Umfanges von Leistungen"; die Eichpflicht für diese Meßgeräte ist durch Verordnung vom 1. Juli 1935 eingeführt worden. Die starke Ausweitung des Kraftverkehrs hat jedoch Zahl und Art der amtlich zu überwachenden und zu prüfenden Geräte erheblich vermehrt.

Unter den Kraftverkehrsmeßgeräten haben vor allem in den letzten Jahren die Fahrtschreiber an Bedeutung gewonnen; sie zeichnen die Fahrweise, d. h. die Geschwindigkeit, die Wegstrecke und die Fahr- und Haltezeiten des Fahrzeuges für eine spätere Auswertung auf Schaublättern auf. Durch das Gesetz zur Sicherung des Straßenverkehrs wurde erstmals 1952 die Ausrüstung mit Fahrtschreibern für bestimmte Fahrzeuggattungen vorgeschrieben. Für den Geltungsbereich dieses Gesetzes sind die Fahrtschreiber als bauartgenehmigungspflichtige Bauteile anzusehen; als Voraussetzung für die Erteilung der Bauartgenehmigung ist die Zulassung der Bauart zur Eichung vorgeschrieben.

Von den Meßgeräten, die speziell der Polizei zur Verkehrsüberwachung dienen, waren nach dem Maß- und Gewichtsgesetz vom 13. Dezember 1935 zunächst nur Achsdruckwaagen eich- oder beglaubigungspflichtig; diese Einschränkung ist jedoch durch Verordnung vom 24. Februar 1944 aufgehoben worden. Seitdem unterliegen der Eich- oder Beglaubigungspflicht alle Geräte zur Messung von Größen, für die im Verkehrswesen die Einhaltung fester Werte oder Grenzen vorgeschrieben ist. Von besonderer Bedeutung sind dabei Meßgeräte zur Bestimmung der Geschwindigkeit vorbeifahrender Kraftfahrzeuge, zur Messung der betrieblichen Geräuschentwicklung und der akustischen Signale von Kraftfahrzeugen sowie Bremsen- und Scheinwerferprüfgeräte. Zu den Verkehrsüberwachungsgeräten zählen daneben auch die sogenannten Rauchgastester sowie Reifenprofilmesser, Meßbänder, Meßräder und Stoppuhren.

Seit dem Inkrafttreten des Maß- und Gewichtsgesetzes gehört es zu den Aufgaben der PTR/PTB, laufend die Bauarten dieser Geräte zur Eichung oder Beglaubigung zuzulassen, Vorschriften für ihre Beschaffenheit, Anwendung und Fehlergrenzen aufzustellen, sowie Prüfverfahren und Normalgeräte für ihre eichamtliche Behandlung zu entwickeln und zu erproben. Von den Arbeiten auf diesem Gebiete sollen hier nur einige charakteristische als Beispiele herausgegriffen werden.

Von den Meßgeräten zur Überwachung der Geschwindigkeit vorbeifahrender Kraftfahrzeuge haben die Verkehrsradargeräte besondere Bedeutung erlangt. Sie senden mit Richtantennen eine scharf gebündelte Höchstfrequenzstrahlung aus, die an bewegten Fahrzeugen reflektiert wird. Die nach dem Dopplerprinzip frequenzverschobene Strahlung wird wieder aufgenommen und die niederfrequente, der Fahrzeuggeschwindigkeit proportionale Überlagerungsschwebung zur Geschwindigkeitsfeststellung ausgenutzt. Geräte dieses Typs sind erstmals 1958 zur Beglaubigung zugelassen worden. In Zusammenhang damit wurden die Fehlermöglichkeiten dieses Meßprinzips untersucht und Richtlinien ausgearbeitet, nach denen die Gerätefunktionen und die Richtigkeit der Anzeige mit rotierenden und schwingenden Reflexgebern auf einfache Weise laboratoriumsmäßig zu prüfen sind. Für betriebsmäßige Prüfungen von Radargeräten und anderen Geschwindigkeitsmeßgeräten wurde auf dem Gelände der PTB eine abseits vom Verkehr gelegene Straße von rund 1 km Länge als Meßstrecke ausgebaut. Sie ist mit Leitlinien, Entfernungsmarkierungen, Kontaktschwellen und anderen Hilfsmitteln derart ausgestattet, daß von einem beweglichen Meßplatz am Straßenrande aus exakte betriebsmäßige Geschwindigkeitsmessungen im Bereich von 20 bis zu 120 km/h vorgenommen werden können. Die Meßstrecke dient zugleich für Untersuchungen an Bremsverzögerungsmeßgeräten und zur Bestimmung der Verkehrsgeräusche von Kraftfahrzeugen.

Nach den Bestimmungen der Straßenverkehrs-Zulassungsordnung darf die Geräuschentwicklung von Kraftfahrzeugen und -anhängern das nach dem Stand der Technik unvermeidbare Maß nicht überschreiten; auch für die akustischen Signalgeber an Kraftfahrzeugen sind Normen festgesetzt und Schallmessungen vorgeschrieben worden. An der Entwicklung der hierzu erforderlichen Geräte und Meßverfahren ist die PTB maßgeblich beteiligt. Sie hat „Richtlinien über die Anforderungen an die Meßgeräte für Verkehrsgeräuschmessungen" aufgestellt und prüft danach alle z. Z. von der Polizei und von den Technischen Überwachungs-Vereinen benutzten Verkehrsgeräuschmesser. Daneben wird in ausgedehnten Versuchsreihen die schwierige Frage des Zusammenhanges zwischen dem objektiven Meßwert eines Geräuschmessers und der psychologischen Einflüssen unterliegenden subjektiv empfundenen Lautstärke von Verkehrsgeräuschen untersucht.

Auf dem Gebiet des Kraftfahrzeug-Prüfwesens sind der PTB weitere Aufgaben zugefallen, die nicht im Zusammenhang mit den Vorschriften des Maß- und Gewichtsgesetzes stehen. Es handelt sich um die Prüfung solcher Kraftfahrzeugteile, deren Ausführung einer urkundlich vom Kraftfahrt-Bundesamt in Flensburg zu erteilenden Bauartgenehmigung bedarf. So gilt z. B. die PTB als Prüfstelle für die Bauarten der Kennleuchten mit blauem und gelbem Blinklicht, der Warnvorrichtungen mit einer Folge verschieden hoher Töne und der bereits oben erwähnten Fahrtschreiber. Ferner obliegt der PTB die Typenprüfung sämtlicher im Lande Berlin hergestellten lichttechnischen Einrichtungen an Kraftfahrzeugen und Fahrrädern.

Sie setzt damit die Tätigkeit fort, welche die ehemalige PTR auf dem Gebiet der verkehrstechnischen Lichtmessungen und Rückstrahlerprüfung bereits vor dem letzten Kriege begonnen hatte. Die Arbeiten umfassen jetzt auch die mechanische und optische Eignungsprüfung der lichttechni-

schen Hilfsmittel und Werkstoffe sowie die Normung und Prüfung von
Farben für die Signal- und Sicherheitseinrichtungen im Straßenverkehr.
Die hierzu erforderlichen photometrischen Messungen wurden zunehmend durch die Einführung photoelektrischer Verfahren verbessert,
nachdem die spektrale Empfindlichkeit der Photoelemente den meßtechnischen Erfordernissen angeglichen werden konnte. So ist u. a. ein Gerät
entwickelt worden, mit dem die Verteilungstemperatur von Glühlampen
rein photoelektrisch schnell und sicher bestimmt werden kann (s. S. 129).

B. Elektrizität und Magnetismus

1. Elektrische Einheiten und Normale

Auf dem Gebiete der elektrischen Größen: Widerstand, Stromstärke,
Spannung, Induktivität und Kapazität, war die Tätigkeit der PTB wesentlich von der Situation beeinflußt, die sich aus dem Übergang von den
internationalen zu den absoluten Einheiten ergab. Die internationalen
Einheiten Ohm und Ampere waren vor nahezu 70 Jahren in der damals bestmöglichen Übereinstimmung mit dem cgs-System durch fundamentale Verkörperungen festgelegt worden, und zwar das Ohm durch
den Widerstand einer Quecksilbersäule mit definierten Abmessungen
und Eigenschaften, und das Ampere durch die vorgeschriebene Niederschlagsmenge beim Silbervoltameterversuch. Mit dem Fortschreiten der
Meßgenauigkeit zeigte sich jedoch, daß diese „internationalen" Einheiten
sich von ihrem „absoluten" Wert um einige 10^{-4} unterschieden. Es bedurfte langdauernder sorgfältiger Arbeiten mehrerer großer Staatsinstitute, um die Zahlenverhältnisse zwischen diesen beiden Einheitensystemen mit der für notwendig befundenen Genauigkeit von $\pm 1 \cdot 10^{-5}$
festzustellen. An dieser Entwicklung, die in die Zeit von 1910 bis 1945 fiel,
war die PTR durch die Arbeiten von *Grüneisen* und *Giebe, v. Steinwehr*
und *Zickner* maßgeblich und erfolgreich beteiligt. Als 1948 die Einführung der neuen absoluten Einheiten auf internationaler Ebene beschlossen
wurde, waren der PTB die in Deutschland entwickelten wertvollen Apparaturen, an denen diese Erkenntnisse gewonnen worden waren, durch die
Kriegsereignisse verloren gegangen, so daß zu eigenen Fundamentalanschlüssen zunächst keine Möglichkeit bestand. Vielmehr mußten die
elektrischen Maßeinheiten der PTB auf die in ihrem Besitz verbliebenen
Normale gestützt werden, deren Konstanz durch häufige innere Vergleichsmessungen und deren Richtigkeit durch Anschlüsse an die Normale auswärtiger Staatsinstitute zu kontrollieren war.

a) Fundamentalanschluß des elektrischen Widerstandes

Erst im Jahre 1957 konnte eine neue fundamentale Bestimmung der Widerstandseinheit Ohm von der PTB in Angriff genommen werden. Die Beziehung zu den mechanischen Einheiten wird dabei durch eine Spule hergestellt, deren Induktivität L sich mit großer Genauigkeit aus ihren geometrischen Abmessungen berechnen läßt. Die Vermessung der Spule (Ermittlung des mittleren Windungsdurchmessers und der Spulenlänge) wird bis auf einige Zehntel μm genau durchgeführt.

Der Anschluß von Widerständen an diese „Ohmspule" erfolgt mit Hilfe einer Maxwellbrücke bei Frequenzen zwischen 300 und 1700 Hz. Während bei den früheren Fundamentalanschlüssen die Kapazität des in einem Zweig der Maxwellbrücke parallel zu einem Widerstand liegenden Kondensators durch eine weitere Messung nach *Maxwell-Thomson* in einer gesonderten Apparatur mit zerhacktem Gleichstrom bestimmt wurde, hat sich inzwischen ein neues Verfahren als günstiger erwiesen. Danach wird zunächst in einer Maxwellbrücke wie bisher das Verhältnis $L/C = R_1 \cdot R_4$ gemessen ($C = $ Kapazität). R_1 und R_4 sind die in gegenüberliegenden Brückenzweigen verwendeten Widerstände, deren Verhältnis bekannt ist. Alsdann legt man den Kondensator mit der Ohmspule in Reihe, wodurch eine Resonanzbrücke entsteht, mit der das Produkt $L \cdot C = 1/\omega^2$ ermittelt werden kann ($\omega = $ Kreisfrequenz). Aus beiden Messungen lassen sich die Widerstände R_1 und R_4 oder die Kapazität C aus der Kreisfrequenz ω und der berechneten Induktivität L bestimmen. Die Frequenz wird einer 100-kHz-Quarzuhr der PTB entnommen und ist auf etwa 10^{-8} bekannt und konstant. Das neue Verfahren bietet den Vorteil, daß die Stromstärke in beiden Brückenschaltungen einen sinusförmigen Verlauf hat und nicht, wie bei der früher benutzten Methode, in einer der Schaltungen Rechteckform aufweist.

Die durch diese Methode realisierbare Beziehung zwischen R, L und C wurde bei einem internationalen Kapazitätsvergleich im Jahre 1961 dazu benutzt, die Kapazitätseinheit auf die besser gesicherte Widerstandseinheit zurückzuführen. Das Ergebnis ließ sich auf etwa $1 \cdot 10^{-5}$ genau angeben.

b) Hauptnormale für Widerstand und Spannung

Neben der fundamentalen Darstellung der elektrischen Einheiten ist ihre Bewahrung (Aufrechterhaltung) in Normalgeräten notwendig, damit jederzeit die durch Gesetz vorgeschriebenen Prüfungen oder Beglaubigungen durchgeführt werden können. Dabei werden an die Hauptnormale für Widerstand und Spannung hohe Anforderungen hinsichtlich zeitlicher Unveränderlichkeit und Unabhängigkeit der elektrischen Werte von äußeren Einflußgrößen—insbesondere von der Temperatur—gestellt. Bei systematischen Untersuchungen an Normalwiderständen und Normalelementen konnten durch Änderung der Konstruktion sowie Auswahl und Vorbehandlung der Werkstoffe wesentliche Verbesserungen erzielt werden, die auch den elektrischen Meßgeräten für technisch-wissenschaftliche Zwecke zugute kamen. So läßt sich bei den *Normalwiderständen* für höchste Präzision die zeitliche Konstanz wesentlich verbessern, wenn der schädliche Einfluß von Luftfeuchtigkeitsschwankungen durch Einbau der Widerstände in luftdichte, mit trockener Luft oder Edelgas gefüllte Metall-, Glas- oder Keramikbehälter ausgeschaltet ist. Außer dem klassischen Widerstandswerkstoff, der CuMn-Legierung Manganin, wurde andere CuMn-Legierungen sowie CrNi-Legierungen und Goldlegierungen auf ihre Eignung als Widerstandsmaterial systematisch untersucht. Als Ergebnis dieser Arbeiten ist errreicht worden, daß heute durch geeignete Auswahl und Wärmebehandlung für Widerstände höchster Präzision mit einer zeitlichen Konstanz von einigen Millionsteln je Jahr und einem Temperaturbeiwert von nur einigen Millionsteln je Grad gerechnet werden kann.

Bei den *Normalelementen* zeigte es sich, daß kleinste Spuren von Fremdstoffen in den Grundbestandteilen genügen, um sowohl allmählich verlaufende, bleibende, wie auch vorübergehende langdauernde Spannungsänderungen bei einem Temperaturwechsel (Hysterese) zu bewirken. Solche Fremdstoffe können z. B. durch die Berührung mit Kork, Vergußmasse, Zaponlack oder Kolophonium, die beim Bau der Elemente angewendet werden, in die Grundbestandteile hineingelangen. Unter Berücksichtigung dieser Erkenntnisse werden heute in der PTB gesättigte Weston-Elemente in abgeschmolzener Bauform hergestellt, deren mittlere zeitliche Änderungen bei wenigen Millionsteln je Jahr liegen und die in der Spannungs-Hauptnormalgruppe Verwendung finden. Neben der gebräuchlichen H-Form wurden auch zentralsymmetrisch aufgebaute Elemente, sogenannte Stabelemente, entwickelt, die den Vorzug verringerter Temperaturempfindlichkeit, kleineren Innenwiderstandes und größerer Handlichkeit haben und die als Bezugsnormale in Kompensographen u. ä. Geräten verwendet werden. Eine Sonderform sind die Kleinstelemente, deren Abmessungen denen der Kohleschichtwiderstände gleichen.

In Zeitabständen von einigen Jahren wird die durch 8 Normalwiderstände von 1 Ohm verkörperte Einheit „Ohm PTB" und die durch 38 gesättigte

Weston-Elemente abgeschlossener Bauform verkörperte Einheit „Volt PTB"
im Internationalen Büro für Maß und Gewicht in Sèvres bei Paris mit
den Einheiten anderer Staaten verglichen, wobei die relative Meßunsicherheit etwa 10^{-7} beträgt. Dabei zeigte sich Übereinstimmung bis auf wenige
Millionstel.

Für andere Widerstandswerte ist mit Kontrollnormalen, die regelmäßig
an die 1-Ohm-Hauptnormale angeschlossen werden, eine Widerstands-
skale aufgebaut, die sich von 10 Mikro-Ohm bis zu 1 Megohm erstreckt.
Die Meßunsicherheit vergrößert sich um etwa zwei Millionstel für jeden
dekadischen Schritt, um den sich die Widerstände von dem Bezugswert
1 Ohm entfernen. Für den Bereich bis zu 1 Tera-Ohm aufwärts stehen
Schichtwiderstände zur Verfügung, deren Genauigkeit ebenfalls in dekadischen Schritten abnimmt (bis auf 1 Promille bei 1 Tera-Ohm).

Neben diesen Arbeiten konnte auch die Genauigkeit der Meßverfahren
verbessert werden. Systematische Untersuchungen über den Einfluß der
Stromerwärmung, der Kühlbedingungen und der Umgebungstemperatur
auf Widerstände und Widerstandsapparate führten zu Verbesserungs-
vorschlägen, die sich in Neukonstruktionen der Industrie auswirkten. Für
Strommessungen mit technischen Widerständen wird heute die 10-kA-
Grenze weit überschritten. Bei Präzisionsmessungen der höchsten Stromstärken war der Übergang zu magnetinduktiven Meßverfahren erforderlich.

c) Wechselstromnormale

Auf dem Gebiete der Kapazitäts- und Induktivitätsmessungen lag das
Schwergewicht bei den Kapazitäten, wobei häufig ungewöhnliche Anforderungen, z. B. die Messung sehr kleiner Kapazitäten oder sehr kleiner
Verlustfaktoren, zu erfüllen waren. Ein großer Teil der Arbeiten des letzten Jahrzehnts zielte deshalb darauf ab, Meßmethoden für die Bestimmung kleiner Kondensator-Verlustfaktoren sowie Vergleichsnormale mit
besonders kleinem und kontrollierbarem Verlustfaktor zu schaffen, wobei eine Meßunsicherheit von 10^{-6} erreicht werden konnte. Als Vergleichsnormale, die bei Frequenzen von 1000 Hz und darunter einen un-
meßbar kleinen Verlustfaktor haben, eignen sich Kondensatoren, die in
der Meßkapazität kein festes Dielektrikum aufweisen. Von den verschiedenen physikalischen Ursachen, die zum Verlustfaktor beitragen, sind
einige bei dieser Spezialkonstruktion völlig unwirksam, andere bewirken
nur bei höheren Frequenzen einen merklichen Verlust. Bei diesen Ver-
gleichsnormalen liegt daher der Verlustfaktor in einem weiten Frequenzbereich unterhalb von 10^{-6}.

Für die Messung sehr kleiner Kapazitäten war es möglich, durch neu entwickelte Einrichtungen Kapazitätsunterschiede von 10^{-4} pF bei kleinen, sehr gut abgeschirmten Kondensatoren noch nachzuweisen. Mit einem Spezial-Drehkondensator, der bei linearem Skalenverlauf einen Variationsbereich von nur 0,1 pF hat, läßt sich im unmittelbaren Substitutionsverfahren eine Kapazität von 0,1 pF auf 0,1 % genau bestimmen. Bei sehr großen Kondensatoren können Werte bis zu 10 000 μF noch gemessen werden. Es handelt sich hierbei stets um Elektrolytkondensatoren, deren Kapazität und Verlustfaktor nach sehr verwickelten Gesetzen von der Frequenz und der Temperatur abhängen. Die für diesen Sonderzweck in der PTB entwickelte Meßbrücke erlaubt es, die Impedanz von Elektrolytkondensatoren, aufgegliedert in einen reellen und einen imaginären Anteil, im Frequenzbereich von 40 Hz bis zu etwa 20 kHz auf 0,1 % genau zu bestimmen.

Zeitkonstanten von Widerständen können mit einer Präzisionseinrichtung, die aus einer Vierwiderstandsbrücke mit Wagnerscher Hilfsschaltung besteht, im Substitutionsverfahren bei induktivitäts- und kapazitätsarmen Widerständen von 1 bis 10 000 Ohm bis auf eine Nanosekunde genau ermittelt werden. Als Normale der Zeitkonstante dienen im Bereich von 1 bis 1000 Ohm Bifilardrahtschleifen und im Bereich von 1000 bis 100 000 Ohm abgeschirmte, als Dreipol geschaltete Kohleschichtwiderstände.

2. Meßgeräte in der Elektrotechnik

Die wachsende Bedeutung des Wechselstromes in der Elektrotechnik hat die Entwicklung der elektrischen Meßgeräte in den letzten 25 Jahren stark beeinflußt und zu zahlreichen Neukonstruktionen von Wechselstromgeräten geführt. Das Aufkommen neuer Werkstoffe und die Möglichkeit, in zunehmendem Maße elektronische Hilfsmittel anzuwenden, begünstigte diesen Vorgang. Weitere Probleme ergaben sich durch die Erhöhung der in den Übertragungsnetzen verwendeten Betriebsspannungen und durch die Forderung, die Genauigkeit der Wechselstromgeräte zu verbessern. Damit wurde auch die PTB vor neue Aufgaben gestellt.

a) Meßinstrumente

Die Grundlage für die Messung von elektrischen Instrumenten sind die auf Normalwiderstand und Normalelement zurückgreifenden Kompensationseinrichtungen mit Gleichstrom. Durch den von *R. Schmidt* in den dreißiger Jahren in der PTR entwickelten Stufenkompensator, bei dem die Messung an bestimmten Skalenpunkten vorgenommen und der Fehler unmittelbar an einem Zeigerinstrument abgelesen wird, gelang es, die Prüfung der besonders für die Zählereichung wichtigen Strom-, Spannungs- und Leistungsmesser bei unverminderter Präzision wesentlich zu vereinfachen. Weitere Untersuchungen dienten der Sicherung der Meßbedingungen. So galt es z. B., konstantere Meßspannungen herzustellen sowie die Kurvenform und die Einstellgenauigkeit zu verbessern. Nach 1945 lag das Schwergewicht der Arbeit in der Entwicklung neuer Wechselstrom-Prüfverfahren, die bei möglichst hoher Genauigkeit rasch und zuverlässig zu messen gestatten. — Mit Hilfe von indirekt geheizten, temperaturabhängigen Widerständen in einer Brückenschaltung konnte ein Gleichstrom-Wechselstrom-Kompensator gebaut werden, der den direkten Vergleich des zu messenden Wechselstromes mit einem durch Normalelement-Kompensation sehr genau meßbaren Gleichstrom erlaubt.

Zur Prüfung von Leistungsmessern mit Wechselstrom wurde eine Brückenschaltung mit phasenreiner Gegeninduktivität entwickelt, die es ermöglicht, die Leistungsmessung bei beliebigem Leistungsfaktor mit einer Meßunsicherheit von 10^{-4} auf eine Strommessung zurückzuführen. Dasselbe kann erreicht werden, indem man anstelle der Gegeninduktivität und des Nullinstrumentes ein hochempfindliches Nullelektrodynamometer verwendet. Es ist auch möglich, die Wechselstromleistungen mit Hilfe eines als Nullgerät arbeitenden Doppelmeßwerks auf eine Gleichstromleistung zurückzuführen und unmittelbar am Gleichstromkompensator zu messen. Der Übertragungsfehler bei diesem Verfahren ist bezogen auf die Scheinleistung kleiner als 10^{-4}.

Zur Prüfung von Leistungsmessern im Tonfrequenzgebiet dient eine Meßanordnung mit Strom- und Spannungswandlern, bei der die besonders bei höheren Frequenzen auftretenden kapazitiven Störströme unschädlich gemacht werden. Für Strom-, Spannungs- und Leistungsmessungen bis 100 kHz steht ein lichtelektrischer Komparator zur Verfügung. Hier wird die Helligkeit zweier verschiebbar angeordneter Lampen mit zwei Siliziumphotoelementen in Differenzschaltung verglichen.

b) Elektrizitätszähler

Die Prüfungen von Elektrizitätszählern konnten durch Rationalisierungsmaßnahmen, z. B. durch lichtelektrische Abtastung der Scheibenumläufe, bei erhöhter Meßsicherheit wesentlich beschleunigt werden. Für die serienmäßige Kontrolle von Normalzählern, die in den Prüfstellen als Vergleichsgeräte dienen, wurde ein kWh-Normal gebaut, das eine hohe zeitliche Konstanz besitzt, und dessen Fehler kleiner als 10^{-4} ist. Es besteht aus vier gleichartigen, in einen Thermostaten eingebauten Hochpräzisionszählern, deren Fehler ohne Eingriff von außen elektrisch kompensiert werden können. Die Anzeige erfolgt über eine lichtelektrische Abtastung durch elektronische Zähler. Zur Überwachung der Zählerprüfstände dient ein neu entwickeltes Kontrollgerät, mit dem die Fehler bei der Leistungsmessung im Prüfstand ohne zeitraubenden Ausbau von Einzelgeräten (Leistungsmesser, Vorwiderstände, Wandler) rasch ermittelt werden können.

c) Meßwandler

Auf dem Gebiet der Wandler waren die meßtechnischen Untersuchungen der PTR bis zum Jahre 1937 im wesentlichen durch die Entwicklung der fundamentalen Meßmethoden von *Schering* und *Alberti* gekennzeichnet, bei denen das Verhältnis der primären und sekundären Ströme oder Spannungen mit Hilfe bekannter Widerstände ermittelt wird. Später kam eine einfach zu handhabende und transportfähige Meßwandlerprüfeinrichtung nach *Hohle*, die nach der Differenzmethode mit einem Normalwandler arbeitet, bei den Prüfämtern allgemein in Gebrauch. Nachdem durch die Verwendung hochpermeabler Nickel-Eisenlegierungen in den dreißiger Jahren Stromwandler mit Fehlern unter $\pm$ 0,01 % hergestellt werden konnten, war es notwendig, genauere Meßverfahren zu entwickeln. Ausgehend von einer Grundmessung bei der Übersetzung 1 : 1, bei der durch Vertauschungsoperationen auch ohne Kenntnis der Fehler der Widerstände die Wandlerfehler mit sehr geringen Unsicherheiten bestimmt werden können, wird die Messung jeweils bei verdoppeltem Strom bis zu höchsten Primärnennströmen ausgeführt. Da die herkömmlichen Konstruktionen der Normalstromwandler durch den Betrieb mechanischen, thermischen und magnetischen Einflüssen unterliegen, war eine Meßunsicherheit von $\pm$ 0,001 % über alle Bereiche nicht zu gewährleisten. Es wurden daher in Zusammenarbeit mit der Industrie verbesserte Normale geschaffen. U. a. ist in der PTB ein Normalwandler bis 20 000 A gebaut worden, dessen Fehler von der Führung des Primärleiters vollständig unabhängig sind.

Bei den Spannungswandlern führte ein Verdoppelungsverfahren mit Zwischenwandlern zu wesentlich höheren Genauigkeiten bei der Fehlerermittlung und zu neuen Konstruktionen von Normalwandlern. Für Primärspannungen über 100 kV bis 400 kV erwiesen sich Summierverfahren unter Verwendung von kapazitiven Teilern als zweckmäßig. Vergleichsmessungen mit dem Bureau of Standards in Washington im Jahre 1959 ergaben bei Stromwandlern bis 12 000 A und bei Spannungswandlern bis Reihe 380 kV Abweichungen, die im Mittel bei $4 \cdot 10^{-5}$ lagen.

Die Prüfung des Stromwandlers bei Überstrom ist wegen der thermischen Überbeanspruchung schwierig. Versuche und Berechnungen haben gezeigt, wie mit dem indirekten Verfahren der Überbürdung oder der

Abb. 13.   Hochspannungsprüfanlage bis 500 kV für Meßwandler

Messung des Leerlaufstromes das Verhalten des Stromwandlers in diesem Gebiet richtig erfaßt werden kann.

In den letzten Jahren hat die Anwendung der elektrischen Energie im Frequenzgebiet bis etwa 10 000 Hz eine immer größere Bedeutung erlangt. Da die im Niederfrequenzgebiet bis etwa 500 Hz gebräuchlichen Meßverfahren bei höheren Frequenzen wegen der kapazitiven und magnetischen Störeinflüsse nicht geeignet sind, wurden zur fundamentalen Fehlerbestimmung für Stromwandler eine neue Meßmethode mit Hilfe von Amperewindungswaagen ausgebildet und für Spannungswandler ein Meßverfahren mit potentialgesteuerten Normalspannungswandlern für Frequenzen von $16^{2}/_{3}$ Hz bis 10 000 Hz angegeben.

3. Elektrische Maschinen

Die Entwicklung der Starkstromtechnik war in den letzten Jahrzehnten gekennzeichnet durch das stete Eindringen des elektromotorischen Antriebes in praktisch alle Industriezweige und in den Haushalt. Gleichzeitig wuchs auch die Vermaschung und Verdichtung der Versorgungsnetze. Infolge der ständig größer werdenden Kurzschlußleistung der Netze entstanden zunehmende Gefahren für Menschen und Einrichtungen, woraus sich wiederum erhöhte Anforderungen für Installationsmaterial, Schutzschalter und Sicherungen ergaben. Die Forderung nach raumsparenden Konstruktionen führte sowohl bei den Maschinen wie bei den Geräten zu einer immer höheren Ausnutzung der Werkstoffe. Auch die Genauigkeitsansprüche, die an die Maschinen und insbesondere an die Regeleinrichtungen gestellt werden, sind gestiegen.

a) Messungen an Maschinen

Die wachsende Bedeutung der in der Antriebstechnik verwendeten elektrischen Gleichlaufschaltung, die eine mechanische Welle durch eine elektrische Motorschaltung ersetzt (sog. „elektrische Welle"), gab Anlaß zu einer Untersuchung der „einphasigen Welle". In einer mit Meßergebnissen belegten, übersichtlichen Theorie konnte das Betriebsverhalten dieser Schaltung aus der Querfeldtheorie der Einphasenmaschine abgeleitet werden.

Eine andere Frage, die in der Literatur bisher kaum behandelt war, bezog sich auf die Ankerrückwirkung von Einphasengeneratoren. Hier konnte eine Theorie aufgestellt werden, die es gestattet, die vom inversen Feld in der Ankerwicklung induzierten Spannungsoberwellen aus den Maschinendaten vorauszuberechnen.

Die Bemühungen, den Motorschutz — insbesondere im Hinblick auf die Explosionssicherheit — zu vervollkommnen, führten zur Entwicklung eines Schutzrelais für Drehstrommotoren im aussetzenden Betrieb. Bei diesem Relais durchfließt der Motorstrom ein integrierendes Ferraris-System, dessen Ausschlag der Erwärmung des Motors proportional ist und das vor Überschreiten der Grenzerwärmung abschaltet (vgl. S. 119). Für Prüfungen an Drehstrommotoren ist eine elektronische Meßeinrichtung entwickelt worden, die eine Momentanwertbestimmung des Schlupfes gestattet.

Eine genaue Messung des Wirkungsgrades von Schneckengetrieben größerer Leistung war mit einer kalorimetrischen Substitutionsmethode möglich, mit der die im Getriebe umgesetzte Verlustleistung direkt bestimmt wird. Damit könnten Wirkungsgrade, die nahe an Eins liegen, mit erheblich höherer Genauigkeit ermittelt werden, als nach der üblichen Methode der Messung der zu- und abgeführten Leistung.

b) Regeleinrichtungen

Für die Untersuchung von Generatoren und Spannungs-Regeleinrichtungen, die bei der amtlichen Zählerprüfung verwendet werden, wurden Meßverfahren und Geräte entwickelt, mit denen die Änderungen des

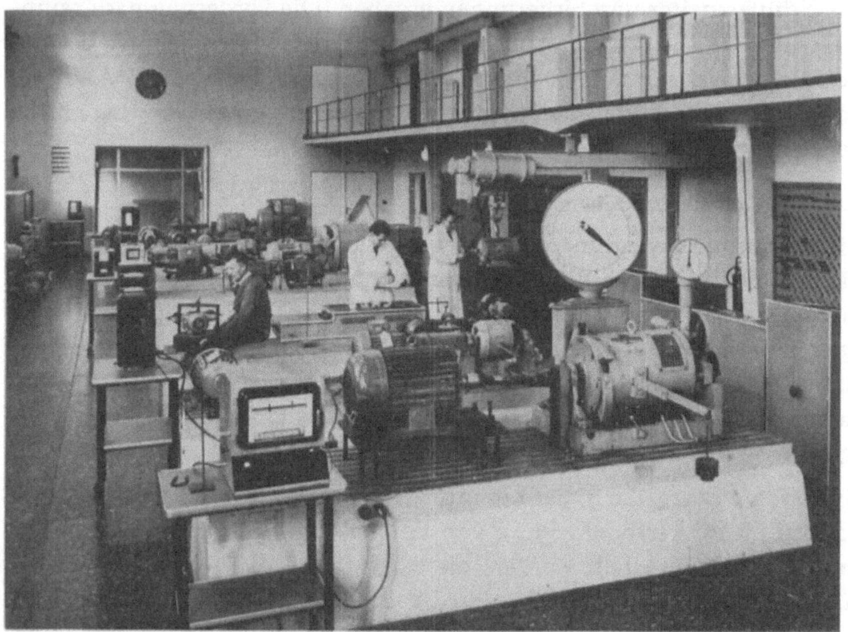

Abb. 14.   Prüfstände für elektrische Maschinen

Effektivwertes einer Wechselspannung um wenige Hundertstel Promille sicher gemessen werden können. Ferner ist das in der PTR ausgearbeitete Verfahren zur Messung der Abweichungen der Wechselspannung von der Sinusform soweit vereinfacht worden, daß die Kurvenform-Kontrollen von den Prüfstellen außerhalb der PTB selbst vorgenommen werden können.

Die nach dem Kriege als Ersatz für Akkumulatorenbatterien für höhere Spannungen zur Verfügung stehenden Netzanschlußgeräte genügten zuerst nicht den Anforderungen, die bei Kompensationsmessungen an die Unveränderlichkeit der Spannung gestellt werden müssen. Bei einem zu diesem Zweck in der PTB gebauten Netzgerät wird die Gleichspannung durch eine Kaskade von in Reihe geschalteten Eisen-Wasserstoff-Widerständen und Glimm-Stabilisatoren bei unveränderter Belastung auf 0,01 % konstant gehalten. Zur Nachprüfung der Spannungskonstanz dient ein Null-Verfahren.

Für die Prüfung von Wechselstrom-Meßgeräten ist eine sehr konstante Spannungsquelle gebaut worden. Zu diesem Zweck wurde die Normalfrequenzleistung der Quarzuhr über Wechselrichter und eine besonders konstruierte Verstärkermaschine so erhöht, daß damit ein Synchronmotor von etwa 4 kW Leistung betrieben werden kann. Dieser Motor dient als Antrieb eines Drehstromgenerators, der auf diese Weise eine sehr konstante Frequenz und Spannung liefert.

4. Hochfrequenzmessung

Die Aufgabe, Wellenlängen oder Frequenzen elektrischer Schwingungen zu bestimmen, führte in der PTR über Messungen mit dem Lecherschen Drahtsystem und mit elektrischen Schwingungskreisen aus Spulen und Kondensatoren zu dem Einsatz von piezoelektrischen Leuchtresonatoren und schließlich zu den Quarzuhren (S. 66). Während zunächst nur im Lang-, Mittel- und Kurzwellengebiet Wellenlängenmessungen vorgenommen wurden, kamen etwa ab 1935 die Entwicklung von Spezialröhren und Untersuchungen im Zentimeter- und Millimetergebiet (Mikrowellen) hinzu.

a) Mikrowellen

Für die Erzeugung von Wellen bis zu Längen von 3,7 mm wurden Magnetfeldröhren selbst hergestellt sowie die notwendigen Empfangseinrichtungen entwickelt. Ausgehend von Röhren im Zentimeterwellengebiet für Leistungen von wenigen Milliwatt konnten schließlich Magnetfeldröhren mit Impulsleistungen bis zu 10 kW gebaut und damit Ausbreitungseigenschaften und Stoffkonstanten gemessen werden. Zur Bestimmung der Wellenlänge im freien Raum wurden Mikrowellen-Interferometer entwickelt. Als Ergebnis konnte ein auf dem Interferometerprinzip beruhendes Verfahren zur Wellenlängenmessung verwirklicht werden. Theoretische und experimentelle Untersuchungen über das Verhalten von Hohlleitern führten zu einem neuartigen Meßverfahren zur Bestimmung der Dielektrizitätskonstanten und der Dispersion von Gasen. Dasselbe Meßprinzip kann auch für den Bau von Atomuhren angewendet werden (S. 69).

b) Feldstärkemessung

Zur Prüfung von Feldstärkemeßgeräten im Lang-, Mittel- und Kurz-
wellenbereich dienen Rahmenantennen. Aus der gemessenen Gegeninduktivität zwischen Sende- und Empfangsrahmen und dem Sende-
rahmenstrom ergibt sich die Feldstärke in der Ebene des Empfangs-
rahmens. Bei Ultrakurzwellen werden die Messungen auf zwei 50 m
hohen und 255 m voneinander entfernten Türmen ausgeführt. Hierdurch
können die Meßapparaturen außerhalb des über den Gebäuden liegenden elektrischen Störnebels aufgestellt und Reflexionseinflüsse von Gebäuden und vom Erdboden vermieden werden. Die Feldstärke am Emp-
fangsort wird dabei aus den Strahlungseigenschaften des $\lambda/2$-Sendedipols
und der Verteilung des elektromagnetischen Feldes errechnet. Die Meßunsicherheit der Verfahren liegt je nach Wellenlänge zwischen 5 und
10 %. Auf die gleiche Weise wird die Strahlungscharakteristik von An-
tennen bestimmt.

c) Funkentstörung

Durch das starke Anwachsen des Ton- und Fernsehrundfunks und die
zunehmende Anwendung hochfrequenter Energie auf vielen Arbeits-
gebieten gewann die Erfassung der Funkstörungen und die Entstörung
von Hochfrequenzgeräten immer mehr an Bedeutung. Auf Grund des im
Jahre 1949 erlassenen „Gesetzes über den Betrieb von Hochfrequenzgeräten" wurden die Übertragung von Störspannungen auf Netzleitun-
gen und die Ausbreitung von Störstrahlungen untersucht. Außerdem
wurden Normalgeräte zur Messung von Funkstörungen laufend auf die
Einhaltung der in VDE 0876 geforderten elektrischen Eigenschaften
überwacht.

Untersuchungen über die Abschirmung von Meßräumen gegen elektro-
magnetische Störfelder ergaben, daß mit doppelwandigen Käfigen aus
Maschendraht von etwa $8,5 \times 9,0$ mm² Maschenweite im Bereich der
Lang- und Mittelwellen eine Schirmdämpfung von etwa 80 dB zu erzielen ist. Während die ersten Käfige fest aufgebaut waren, bewährten
sich später leicht zerlegbare doppelwandige Käfige aus verzinktem Eisen-
drahtgewebe mit einer Maschengröße von 7×7 mm², deren Schirmdämpfung bis 100 MHz größer als 60 dB ist.

d) Spannungsmessung

Da sich die Prüfung von Hochfrequenzgeräten immer mehr in das Gebiet der Ultrakurzwellen verlagert, mußten Methoden gefunden werden,
die gestatten, auch bei diesen Frequenzen Spannungsmesser an ein

Gleichspannungsnormal mit möglichst geringer Unsicherheit anzuschließen. Es gelang, eine Methode zur Messung des Effektivwertes der hochfrequenten Spannung mittels eines thermischen Leistungsmessers zu entwickeln, der seinerseits mit einem Gleichspannungsvoltmeter kalibriert wird. Damit können zur Zeit die Fehler von Spannungsmessern im Bereich von etwa 10 µV bis 10 V bei Frequenzen bis zu 300 MHz mit ausreichender Genauigkeit bestimmt werden. Mit dem erwähnten thermischen Leistungsmesser wurde auch ein neues Verfahren zur Bestimmung der Dämpfung von Kabeln bis zu Frequenzen von 1000 MHz ausgearbeitet.

e) Leistungsmessung an Kurzwellen-Therapiegeräten

Eine dringende Aufgabe war auch die Prüfung und Untersuchung von elektromedizinischen Geräten, insbesondere von Kurzwellen-Therapiegeräten, die in den Jahren nach dem 2. Weltkrieg in sehr verschiedenen Ausführungen hergestellt wurden. Da wegen der unterschiedlichen Meßmethoden direkte Vergleiche der Hochfrequenzleistungen der Geräte nur schwer zu ziehen waren, wurden in Zusammenarbeit mit dem Zentralverband der elektrotechnischen Industrie (ZVEI) Untersuchungen vorgenommen, die zu Vorschriften für die Bauartprüfung von Kurzwellen-Therapiegeräten durch die PTB und zu einer einheitlichen Meßmethode führten. Bei diesem Verfahren wird der menschliche Körper durch ein Phantom nachgebildet, bei dem zwischen zwei kreisförmigen Metallplatten handelsübliche Soffittenlampen angeordnet sind und zum Leuchten gebracht werden. Die Apparatur kann mittels einer optischen Vergleichsmethode mit Gleichstrom oder Wechselstrom kalibriert werden. Gemessen wird die an dieses Phantom abgegebene Hochfrequenzleistung in Abhängigkeit vom Abstand der Behandlungselektroden von den Phantomplatten, entsprechend den Elektroden-Haut-Abständen bei der medizinischen Behandlung. Die Meßgenauigkeit beträgt ± 2 %.

5. Hochspannungsmessung

a) Erzeugung und Messung von Hochspannungen

Die Zunahme der auf den Fernleitungen zu übertragenden Leistungen und der zu überbrückenden Entfernungen zwang dazu, immer höhere Spannungen zu verwenden. Während in Deutschland die Übertragungsspannung um 1930 auf 220 kV erhöht wurde, stieg sie im Jahre 1957 bereits auf 380 kV. Dieser Entwicklung mußten auch die Hochspannungsprüfanlagen der PTB angepaßt werden. Statt der vor dem 2. Weltkrieg vorhandenen Prüfeinrichtungen bis 350 kV Spannung und 100 kVA Leistung steht jetzt ein Versuchsfeld mit Anlagen und Meßgeräten für Wechselspannungen bis 1 MV bei 750 kVA Leistung und für Stoßspannungen bis 2 MV bei 100 kWs Energie zur Prüfung z. B. von Wandlern oder Isolatoren zur Verfügung. Die Abmessungen der Geräte machten es notwendig, wesentliche Teile in ein Freiluftprüffeld zu verlegen.

Für die Messung der höchsten Spannungen sind die Funkenstrecken, deren Überschlagsspannungen unter Mitarbeit der PTR für zahlreiche Parameter ermittelt und in Tabellen zusammengestellt sind, immer noch unentbehrlich. Für Spannungsmessungen bis 600 kV dienen in neuerer Zeit als handliche und genauere Geräte kapazitive Hochspannungsteiler mit elektronischen Hilfsmitteln, die nach Untersuchungen in der PTB eine Meßunsicherheit von etwa 2 % besitzen. Auf etwa 0,2 % genau kann man bei Spannungen bis 250 kV mit einem in der PTB entwickelten Voltmeter nach dem Rotationsprinzip messen.

Für die Untersuchung der dielektrischen Eigenschaften von Stoffen und Geräten bei Hochspannung ist die in der PTR entwickelte Scheringbrücke allgemein eingeführt. Zusammen mit dem Preßgaskondensator von *Schering* und *Vieweg* als praktisch verlustfreiem Kapazitätsnormal, das heute für Spannungen bis 800 kV hergestellt wird, kann diese Brücke zur Lösung sehr vieler Aufgaben bei der Untersuchung von Isolationen und Isoliermaterialien verwendet werden. So hat sich diese Anordnung z. B. beim Messen der dielektrischen Verluste in Abhängigkeit von der Spannung als zerstörungsfreie und gefahrlose Prüfungsmethode erwiesen.

b) Hochspannungsgeräte

Die in der Hochspannungstechnik verwendeten Geräte einschließlich Zubehörteilen, wie Überspannungsableiter, Isolatoren, Kabel und Leitungen sind unter den verschiedensten Betriebs- und Umweltbedingungen auf ihre Spannungfestigkeit und auf ihre dielektrischen Eigenschaften zu prüfen. Dadurch soll die Unfallsicherheit und Wirtschaftlichkeit einer Anlage gewährleistet und ihre voraussichtliche Lebensdauer beurteilt werden. Die Untersuchungen in der PTR, die sich mit der Überschlagspannung von Hochspannungsisolatoren bei üblichen Temperaturen befaßten, ergaben eine lineare Abhängigkeit von der absoluten Luftfeuchtigkeit. Der Beginn der Entladung zeigt sich dabei an charakteristischen Glimmerscheinungen auf den beanspruchten Flächen. Infolge der Gleitentladungen auf isolierenden Oberflächen entstehen chemische Beanspruchungen, die das Isolationsvermögen ungünstig beeinflussen. Aus der

Abhängigkeit der Lebensdauer von der beanspruchenden Feldstärke ließ sich eine Rangordnung der Glimmfestigkeit von Isolatoren ableiten.

Bei der durch den technischen Fortschritt gegebenen Umstellung auf andere Werkstoffe und Verarbeitungsverfahren war es notwendig, die bestehenden Prüfmethoden den Eigenschaften der Austauschstoffe anzupassen. So wurden spezielle Prüfverfahren zur Bestimmung der elektrischen Kenngrößen von kunststoffisolierten Drähten ausgearbeitet. Durch volumetrische Ausmessung der Isolierhüllen mittels Flüssigkeitsverdrängung konnte die Meßunsicherheit bei der Bestimmung des Isolationsquerschnitts von 5 % auf 1,5 % herabgesetzt werden.

c) Isolierstoffuntersuchungen

Die Isolierwerkstoffe sind häufig nicht homogen aufgebaut. Ihre elektrischen Eigenschaften wie Widerstand, Dielektrizitätskonstante, dielektrischer Verlustfaktor, Durchschlagsfestigkeit u. a. zeigen keine streng linearen Abhängigkeiten von Spannung, Frequenz und Elektrodengeometrie. Die Form und Art der Anbringung der Elektroden, die Einschaltdauer und besonders die klimatische Vorbehandlung des Prüflings beeinflussen das elektrische Verhalten. Bei der Festlegung dieser Bedingungen für technische Prüfverfahren, die nach der Eigenart und dem Verwendungszweck des Werkstoffes verschieden sind, hat die PTB maßgebend mitgewirkt.

Das Studium der elektrolytischen Leitfähigkeit von keramischen Werkstoffen bei höheren Temperaturen bis zu 1200 °C bestätigte den bekannten Zusammenhang zwischen dem Logarithmus des spezifischen Widerstandes und der absoluten Temperatur. Die gewonnenen Ergebnisse bildeten die Grundlage eines VDE-Prüfverfahrens zur Bestimmung des spezifischen Durchgangswiderstandes in Abhängigkeit von der Temperatur (VDE 0335). Bei organischen Stoffen beeinflußt bei Temperaturen bis 80 °C außer der Temperatur selbst auch die Dauer der Wärmeeinwirkung das Meßergebnis. In der PTB wurden daher, um reproduzierbare Werte zu erhalten, alle Prüflinge der gleichen Behandlung unterworfen. Auf diese Weise konnten elektrische Kennwerte für zahlreiche Kunststoffe zwischen 10 und 80 °C gewonnen werden. Später sind die Untersuchungen bis zur Temperatur des flüssigen Wasserstoffes ausgedehnt worden, wobei sich bei manchen Stoffen Abweichungen vom monotonen Verlauf der Temperaturabhängigkeit der gemessenen elektrischen Größen zeigten.

Ein weiteres Problem bildet die Einwirkung von Kriechströmen auf Isolierstoffe. Die zahlreichen in der PTB durchgeführten Messungen über

das Kriechstromverhalten trugen wesentlich zur Festlegung der Prüfverfahren in VDE 0303 und DIN 53 480 sowie zur Herausgabe der IEC-
Empfehlung Nr. 112 bei. Durch Großzahluntersuchungen an Phenoplasten gelang es, den Zusammenhang zwischen der Kriechstromfestigkeit und der Spannung, dem Elektrodenabstand sowie der Leitfähigkeit
der Flüssigkeitsschicht auf der Oberfläche durch Potenzfunktionen auszudrücken, und in einer exponentiellen Alterungsformel zusammenzufassen. Über die Zündung von Explosionen durch Kriechströme s. S. 119.

6. *Magnetismus*

Die durch E. *Gumlich* vor nunmehr 6 Jahrzehnten veranlaßte Einführung
der silizierten Bleche in den Transformatorenbau ist rückschauend wohl
immer noch als einer der wesentlichen von der PTR ausgegangenen technischen und wirtschaftlichen Impulse zu nennen. Erfolgreich waren auch
die weiteren Werkstoffuntersuchungen, so während und nach dem
1. Weltkrieg über Chromstähle und spezielle Nickel-Eisen-Legierungen
sowie die Entwicklung einwandfreier und heute allgemein benutzter
Meßprinzipien, von denen hier nur der magnetische Spannungsmesser
genannt sei. Anfang der dreißiger Jahre begann sich das bisher verwickelte Bild der ferromagnetischen Erscheinungen zu klären. Auch hier
lieferte die PTR wichtige grundlegende Beiträge, so über die verschiedene
strukturelle Beeinflußbarkeit der Gebiete hoher und niedriger Feldstärken und über das Permalloy-Problem. Eine neu gefundene phänomenologische Regel über den Einfluß der Gefügeverhältnisse auf die
Koerzitivkraft konnte in einem großen Bereich ferromagnetischer Werkstoffe bestätigt werden.

In den Jahren 1937/38 wurden weitere wissenschaftliche Studien an den
verschiedensten Metallen und Legierungen durchgeführt und 1956/58
durch neue Messungen erweitert, die sich mit der Abhängigkeit der Sättigungsmagnetisierung und der Curietemperatur vom hydrostatischen
Druck und damit vom Atomabstand beschäftigten. Sie bestätigten für
reine Metalle die theoretischen Vorstellungen von Magnetisierbarkeit
und Atomanordnung im Gitter und zeigten darüber hinaus die große
magnetomechanische Empfindlichkeit bestimmter metastabiler Kristallgittertypen.

Parallel dazu liefen Untersuchungen über die Beeinflussung der Magnetisierbarkeit durch die Atomkonfiguration, insbesondere Ordnungs- und
Unordnungsvorgänge (vgl. S. 150). Schließlich wurde kurz vor dem
2. Weltkrieg eine Präzisionsmessung der Sättigungsmagnetisierung des

reinen Eisens durchgeführt, bei der aus dem Verunreinigungsgrad dosierter Zusätze durch Extrapolation auf Null der genaue Sättigungswert erhalten werden konnte.

Nach dem 2. Weltkrieg brachten die inzwischen in den Handel gekommenen neuen magnetischen Werkstoffe mit wesentlich verbesserten Eigenschaften zusammen mit dem in der Industrie immer stärker hervortretenden Zwang zur Rationalisierung neue meßtechnische Probleme. Die kritische Prüfung neu entwickelter Meßverfahren, vor allem für die Ummagnetisierungsverluste von Elektroblechen und die Untersuchung der Brauchbarkeit der herkömmlichen Meßgeräte für Messungen an den neuen Materialien, waren Hauptaufgaben der PTB. Als Ursachen der bisher noch relativ unsicheren Bestimmung der Ummagnetisierungsverluste konnten z. B. metallurgische Eigenheiten sowie durch Permeabilitätsinhomogenität in kleinen Teilbereichen der Bleche hervorgerufene Unterschiede der Induktionskurvenform bei Wechselmagnetisierung nachgewiesen werden. Die Notwendigkeit, ein unabhängiges Fundamentalverfahren zur Bestimmung der Ummagnetisierungsverluste zu haben, führte zur Entwicklung eines Normaljoches und zu einer Apparatur, die Messungen auf kalorimetrischem Wege gestattet. Diese Anordnungen sind so eingerichtet, daß die benutzten Proben zu Vergleichsmessungen mit anderen Meßgeräten herangezogen werden können. Damit sind eindeutige Aussagen über technische Meßgeräte möglich geworden.

Als eine Aufgabe von besonderer Bedeutung ist die Wiederholung der Absolutbestimmung des gyromagnetischen Verhältnisses des Protons anzusehen. Unter Abwandlung der in den USA benutzten Feldmeßspule wurde ein Differenzverfahren ausgebildet, bei dem die Spulenbreite durch Quarzendmaße verändert wird. Dadurch kann eine Spule größerer Windungszahl benutzt und ihre Präzisionsausmessung umgangen werden. Für γ_{Proton} ergab sich der Wert $(2{,}67522 \pm 0{,}00010) \cdot 10^8 \ \text{Wb}^{-1}\text{m}^2\text{s}^{-1}$.

Weitere meßtechnische Fortschritte ermöglichte der Aufbau einer magnetisch abgeschirmten Meßkammer. Sie besteht aus wechselstromvormagnetisierten Transformatorenblechen und besitzt den Vorteil leichter Herstellung und hoher Schirmwirkung. — Eine ballistische Apparatur zur Messung der Sättigung und der Suszeptibilität an Proben beliebiger Form wurde entwickelt und eine andere zur Bestimmung des Temperaturkoeffizienten der wirksamen Permeabilität von Ferritkernen zwischen 1 und 100 MHz aufgebaut.

Die wechselseitigen Beziehungen zwischen mechanischen und magnetischen Vorgängen im Rayleigh-Gebiet ferromagnetischer Stoffe, insbesondere bei Eisen-Nickel-Legierungen, konnten über die Dämpfungsuntersuchungen mechanischer Schwingungen weiter aufgeklärt werden. Der Energieverbrauch bei verschiedener Vormagnetisierung als Funktion der Spannungsamplitude und der Frequenz gestattet eine Einzelanalyse der Gesamtverluste. Ein neuer „δE-Effekt", der in direktem Zusammenhang mit der magnetomechanischen Hysterese steht, wurde nachgewiesen.

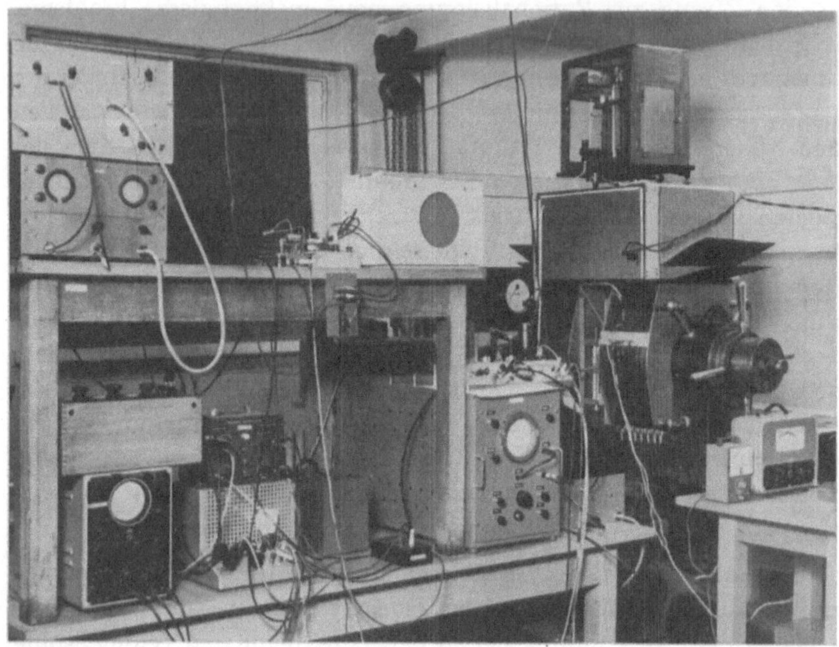

Abb. 15. Apparatur zur Messung des gyromagnetischen Verhältnisses des Protons

Das Dämpfungsdekrement ist hierbei gleich der Änderung des Elastizitätsmoduls $\delta E / E$.

Eine weitere Arbeit der letzten Jahre betraf die beim Ummagnetisieren von Dauermagneten auftretende und mitunter bei Meßgeräten störende magnetische Nachwirkung. Parallel zu französischen und englischen Arbeiten führte die PTB eine Reihe von experimentellen Untersuchungen über dieses Gebiet durch; ähnliche Untersuchungen bezogen sich auf das Problem der zeitlichen Nachwirkung der Hochfrequenzpermeabilität und der Desakkommodation an weichmagnetischen Ferriten.

Bei Untersuchungen über Entmagnetisierungsvorgänge an einzelnen Stählen bei Temperung im zweiphasigen Gebiet erwies sich die Methode der „Bitterschen Streifen" als sehr empfindlich. Magnetische Messungen am System MnSn und MnAl dienten der Aufklärung des allgemeinen Mangan-Problems, der Frage, unter welchen Bedingungen Mangan als Legierungskomponente diamagnetische, paramagnetische und ferromagnetische Eigenschaften der Legierungen hervorrufen kann.

C. Wärme und Druck

1. *Temperaturskale*

a) Gasthermometrische Bestimmung von Fixpunkten

Schon um die Jahrhundertwende wurden in der PTR u. a. von *Holborn* und *Day* gasthermometrische Untersuchungen an Fixpunkten bei höheren Temperaturen ausgeführt. Eine besondere Rolle spielte hierbei die Temperatur des schmelzenden Goldes, weil sie sich als Fundamentalpunkt der optischen Temperaturskale eignet. Der damals aus Messungen der PTR und des Bureau of Standards gewonnene Mittelwert 1063 °C für den Goldpunkt erschien genügend gesichert, so daß er in der Internationalen Temperaturskale von 1927 als Hauptfixpunkt festgelegt wurde.

In den dreißiger Jahren zweifelte man diesen Temperaturwert auf Grund gewisser Unstimmigkeiten an, die sich zwischen dem aus Atomkonstanten berechneten und dem aus Gesamtstrahlungsmessungen am Goldpunkt (mit der Temperatur 1063 °C) ermittelten Wert für die Boltzmann-Konstante σ ergeben hatten. Unter der Annahme, daß die Strahlungsmessungen keine wesentlichen Fehler enthalten, ließ sich diese Diskrepanz nur durch eine Erhöhung des Goldpunktes um etwa 5 grd gegenüber dem international festgelegten Wert beseitigen (vgl. S. 127). Auch die Beobachtungen von *Beattie, Blaisdell* und *Kaye* (1939), daß der Schwefelsiedepunkt in der thermodynamischen Skale um 0,1 grd höher liegt als in der internationalen, deuteten auf Unstimmigkeiten zwischen diesen beiden Skalen hin.

Aus diesem Grunde begann man in der PTB im Jahre 1956 mit neuen gasthermometrischen Messungen. Dazu wurde die neuartige „Methode konstanter Gefäßtemperatur" entwickelt, die sich von den klassischen Methoden „konstanten Drucks" oder „konstanten Volumens" grundsätzlich unterscheidet. Während früher die erforderliche Zustandsänderung des Gases durch Erwärmen des Thermometergefäßes von der Bezugstemperatur auf die zu messende Temperatur erfolgen mußte, arbeitet das neue Verfahren mit einer Zustandsänderung bei konstanter Gefäßtemperatur, so daß unkontrollierbare Desorptionseffekte während der Erwärmung weitgehend ausgeschaltet sind. Dazu kommt, daß der Übergang zwischen den beiden Meßzuständen bei dem neuen Verfahren in wesentlich kürzerer Zeit ausgeführt werden kann. Die Zustandsänderung wird durch eine Expansion des Thermometergases erreicht, indem

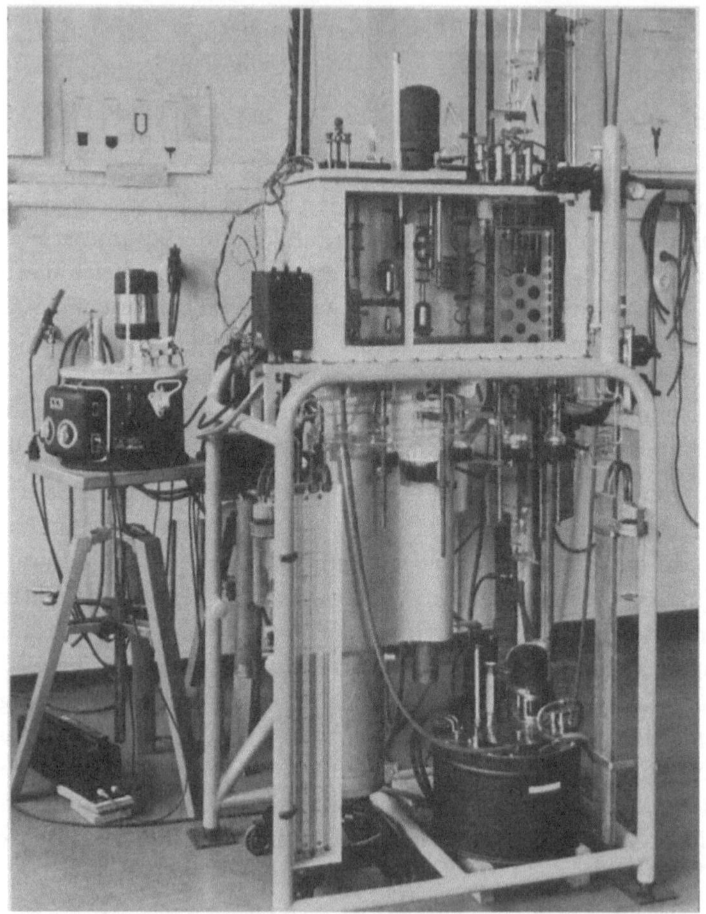

Abb. 16.   Gasthermometer „konstanter Gefäßtemperatur"

man einen Teil in ein auf der Bezugstemperatur befindliches Zusatzvolumen strömen läßt. Ein neuartiges empfindliches Differentialmanometer ermöglicht die Herstellung von Druckgleichheit zwischen dem Zusatzvolumen und einem zweiten meßbar veränderlichen Volumen. Die früher erforderlichen Druckmessungen werden dadurch auf Volumenbestimmungen durch Auswägen mit Quecksilber und somit letzten Endes auf

Wägungen zurückgeführt. Bei der Messung von Metallfixpunkten taucht das doppelwandige Thermometergefäß direkt in die Metallschmelzen ein.

Für die Auswertung der Beobachtungen ist die Kenntnis des Ausdehnungskoeffizienten des Quarzglases, aus dem das Thermometergefäß besteht, erforderlich. Bei der Untersuchung mehrerer Quarzglassorten nach einer Absolutmethode haben sich gegenüber früheren Meßergebnissen wesentliche Unterschiede bei höheren Temperaturen gezeigt.

Die am Gold-, Silber-, Antimon-, Schwefel- und Zink-Punkt mit fünf Füllgasen ausgeführten Messungen brachten das Ergebnis, daß die thermodynamischen Temperaturen dieser Fixpunkte höher liegen als die in der Internationalen Temperaturskale festgelegten Werte. Die Differenzen betragen am Goldpunkt $+ 1,5$ grd (neue Temperatur 1064,48 $\pm 0,1\,°C$) und nehmen bis zum Zinkpunkt auf $+ 0,07$ grd (neue Temperatur 419,58 $\pm 0,02\,°C$) ab. Durch den jetzigen Wert für den Goldpunkt wird die oben erwähnte Diskrepanz zwischen den beiden Verfahren zur σ-Bestimmung um $^1/_3$ vermindert. Die Ursache für die restliche Abweichung muß in Unsicherheiten der Gesamtstrahlungsmessung gesucht werden.

Weitere Untersuchungen unter Verwendung der neuen Werte für die Temperaturfixpunkte im Bereich von 630 bis 1063 $°C$ ergaben, daß das Platinwiderstandsthermometer als Interpolationsinstrument besser dazu geeignet ist, die internationale Temperaturskale an die thermodynamische anzugleichen, als das bisher vorgeschriebene Pt/PtRh-Thermopaar.

b) Subjektive und objektive pyrometrische Meßverfahren

Dieselbe Stellung, die das ideale Gas bei der gasthermometrischen Skale einnimmt, hat im optischen Bereich der schwarze Körper. Seine Abweichung vom idealen Verhalten muß jeweils besonders geprüft werden.

Die Genauigkeit visueller (subjektiver) Verfahren ist im wesentlichen durch die Unterschiedsschwelle des menschlichen Auges auf $\pm 0,3$ bis ± 2 grd je nach Temperaturbereich begrenzt. So hat z. B. ein internationaler Vergleich an Bandlampen in vier nationalen Laboratorien Abweichungen bis zu $\pm 0,6$ grd im Temperaturbereich von 800 bis 1400 $°C$ und bis zu ± 2 grd bei Temperaturen um 2200 $°C$ ergeben. Derartige Unterschiede sind im Hinblick auf die wesentlich bessere Reproduzierbarkeit elektrischer Thermometer und auf die Meßunsicherheit von $\pm 0,1$ grd, mit der der Goldpunkt als Bezugspunkt der optischen Temperaturskale durch gasthermometrische Messungen verwirklicht werden kann, unbefriedigend. In mehrjähriger Arbeit wurde daher eine Apparatur zur objektiven photoelektrischen Pyrometrie entwickelt, wobei ausgesuchte Photosekundärelektronen-Vervielfacher als Strahlungsempfänger dienen. Die bisherigen Ergebnisse zeigen, daß die relative Unsicherheit bei der optischen Temperaturbestimmung an schwarzen Strahlern um mehr als eine Zehnerpotenz verbessert werden kann.

Zum Anschluß von visuellen und photoelektrischen Photometern dient die Neukonstruktion eines schwarzen Körpers, bestehend aus einem doppelwandigen keramischen Hohlzylinder mit Goldfüllung, der horizontal gelagert wird. Diese Anordnung, die auch für andere Metalle erprobt wurde, erlaubt Anschlußmessungen ohne Einschalten lichtschwächender Medien (Prismen, Linsen) zwischen Strahler und Meßgerät.

c) Optische Methoden zur Bestimmung der wahren Temperatur strahlender Oberflächen

Die thermodynamische Temperatur eines nichtschwarzen Strahlers läßt sich ermitteln, wenn sein Absorptionsgrad bekannt ist. Die umständliche Messung des Absorptionsgrades kann durch drei in der PTB entwickelte Verfahren umgangen werden.

Bei der ersten Methode bringt man den zu untersuchenden Strahler in eine Ulbricht'sche Kugel, deren Innenwand so beleuchtet wird, daß Wand und glühender Körper gleich hell erscheinen. Die schwarze Temperatur der Kugelwand ist dann gleich der wahren Temperatur des Körpers.

Ein zweites Meßprinzip benutzt die Tatsache, daß der schwarze Körper nach allen Richtungen unpolarisiertes Licht aussendet, während die nicht senkrecht austretende Strahlung nicht schwarzer glühender Körper mehr oder weniger polarisiert ist. Läßt man unpolarisiertes Licht an einem solchen Körper seitlich reflektieren, so kann man durch passende Wahl der Bestrahlungsstärke für die Reflektionsrichtung erreichen, daß die aus reflektiertem Anteil und thermischer Emission zusammengesetzte Strahlung unpolarisiert ist. In diesem Falle verhält sich der Strahler in der Reflektionsrichtung wie ein schwarzer Körper gleicher Temperatur.

Bei einem dritten Verfahren wird der strahlende Körper lediglich unter $45°$ anvisiert. Die Strahldichten seiner polarisierten Strahlungskomponenten liefern dann nach den Fresnelschen Formeln eindeutige Angaben zur Ermittlung seiner thermodynamischen Temperatur. Die Methode wurde durch Messungen bestätigt.

Mit den beschriebenen Verfahren kann auch der Absorptionsgrad des Strahlers gemessen werden. Untersuchungen dieser Art sind in der PTB an zahlreichen Metallen ausgeführt worden, um deren optische Eigenschaften und Anomalien (X-Punkte) zu erforschen.

2. Zustandsgrößen und Wärmeausdehnung

a) Zustandsgrößen von Flüssigkeiten und Gasen

Bis zu Beginn des 2. Weltkrieges wurden in der PTR die Dichten von Wasser, Wasserdampf und reinen Gasen, z. B. von Edelgasen, Wasserstoff und Stickstoff in Abhängigkeit von Temperatur und Druck sowie ihre Dampfdrucke in weitem Temperaturbereich bestimmt. Heute liegen die thermischen Daten der wichtigsten einfachen Stoffe für den praktischen Anwendungsbereich ziemlich vollständig vor.

Dagegen sind die Zustandsgrößen der „verflüssigten Gase" — hier definiert als Flüssigkeiten, die bei 20 °C einen Dampfdruck über 1 at besitzen — nur sehr lückenhaft bekannt. Bei der Beförderung dieser Stoffe auf Eisenbahn, Straße oder Schiffen dürfen die dazu verwendeten Stahlbehälter nur so weit gefüllt sein, daß der Prüfdruck bei einer Temperaturerhöhung auf 70 °C — dieser Wert ist aus Sicherheitsgründen festgelegt — nicht überschritten wird. Um die zulässige Füllung berechnen zu können, ist die Kenntnis der Zustandsgrößen der zu transportierenden Stoffe notwendig. Zu ihrer Messung wurden mehrere Versuchseinrichtungen hergestellt, mit denen u. a. die Flüssigkeitsdichten, Dampfdrucke und Isochoren (Linien gleicher Dichte) von fluorierten Methanen, Schwefelhexafluorid, Stickoxydul und Chlorwasserstoff bis zu Temperaturen von 70 °C und bis zu Drucken von 250 at ermittelt werden konnten. Wie wichtig solche Daten sind, ersieht man daraus, daß die Druckzunahme bei einem vollständig mit der flüssigen Phase gefüllten Behälter je nach Art des Stoffes 3 bis 8 at je Grad Temperaturerhöhung betragen kann. Diese isochore Druckerhöhung ist um ein Vielfaches größer als die Dampfdruckzunahme.

Von besonderer Bedeutung für die Mineralölwirtschaft sind in zunehmendem Maße auch Gemische von verflüssigten Kohlenwasserstoffen. Da in diesem Falle die Messung der Zustandsgrößen bei höheren Temperaturen auf große Schwierigkeiten stößt, werden umfangreiche systematische Untersuchungen angestellt mit dem Ziel, ein rechnerisches Verfahren für die Ermittlung der Zustandsgrößen des Gemisches aus denjenigen der reinen Komponenten zu finden und zu erproben.

In einem beschränkten Druckbereich kann die Dichte verflüssigter Gase auch mit Aräometern gemessen werden. Um solche Druckaräometer zu prüfen, sind in der PTB geeignete Verfahren ausgearbeitet worden.

b) Dichte- und Volumenmessung bei normalem Druck

Die meisten Dichtemessungen von Flüssigkeiten werden in der Praxis mit Aräometern vorgenommen, deren Fehler durch Vergleich mit einem Normalgerät bestimmt sind. Zur Prüfung von Normalaräometern dienten früher verschiedene Flüssigkeiten bekannter Dichte. In der PTB wird statt dessen nach einer Anregung von *Cuckow* der Auftrieb gemessen, den ein Aräometer beim Eintauchen in eine einzige Flüssigkeit mit besonders günstigen und bekannten Eigenschaften (n-Nonan) bei verschiedener Eintauchtiefe erfährt. Dieses Verfahren hat sich zur Ermittlung der Aräometerkorrektionen als einfacher und genauer erwiesen als die frühere Methode. Für Dichtemessungen nach dem Prinzip der hydrostatischen Waage ist eine einfach zu handhabende Apparatur gebaut worden, mit der die Dichte mehrerer Proben mit einem Volumen von wenigen cm³ in kurzer Zeit in einem größeren Temperaturbereich auf 0,01 % genau bestimmt werden kann. Mit diesem Gerät — bei leicht verdampfenden Flüssigkeiten auch mit Pyknometern — wurden die Dichten zahlreicher neuer Mineralölprodukte im Temperaturbereich von — 20 bis + 100 °C gemessen. Die Ergebnisse lassen deutlich eine Zunahme des Temperaturkoeffizienten der Dichte mit steigendem Anteil an Aromaten erkennen.

Bei Dichtemessungen mit Aräometern und hydrostatischen Waagen tritt die Oberflächenspannung als Korrektionsgröße auf. Sie ist daher nach Abreißmethoden (Kreiszylinder, Drahtbügel) mit großer Genauigkeit für die wichtigsten aräometrischen Flüssigkeiten (z. B. wäßrige Lösungen von Äthylalkohol, Schwefelsäure, Rohrzucker) gemessen worden, wobei auf die Reinheit der Ausgangsstoffe besonders geachtet wurde.

Bei Volumenmeßgeräten (z. B. Büretten, Pipetten, Butyrometern) waren Untersuchungen über die zweckmäßige Festsetzung der Fehlergrenzen notwendig. In Zusammenarbeit mit milchwirtschaftlichen Fachstellen sind die Methoden zur Fettbestimmung von Milch und Milcherzeugnissen geprüft worden, die zur Anerkennung des Säureverfahrens nach *Gerber* geführt haben. Für die Messung sehr kleiner Volumina, die vorwiegend bei bestimmten medizinischen Geräten erforderlich ist, hat man neuerdings die klassische Methode der Wägung der Flüssigkeitsfüllung verlassen und volumetrische (Kapillarpipetten) oder Längenmeßverfahren (Zellenzählkammern) eingeführt.

In Zusammenhang mit der Anwendung von Meßgeräten aus Glas ist die Frage der Wasser- und Verwitterungsbeständigkeit schon seit der Gründung der PTR systematisch bearbeitet worden. Die zuerst von *Mylius* und seinen Mitarbeitern entwickelten Glasprüfverfahren haben sich für die Praxis von großem Nutzen erwiesen. Das am meisten benutzte „Griess-Titrationsverfahren" wurde in der PTB wesentlich präzisiert. Es ist in DIN 12 111 festgelegt und neuerdings auch als ISO-Empfehlung angenommen worden. Bei den zahlreichen Versuchen über die Glasauslaugung ergab sich u. a. ein überraschender Einfluß von Metallspuren auf den Auslaugungsprozeß.

c) Wärmeausdehnung fester Stoffe

Für die Bestimmung der Ausdehnung fester Stoffe wurden Apparate nach dem Henningschen Rohrprinzip gebaut, die Längenänderungen relativ zu Quarzglas mit einer Unsicherheit von $\pm$ 0,001 mm zu messen gestatten und bei denen der Probestab mit nur etwa 10 p belastet wird. Neben keramischen Materialien und Metallegierungen verschiedener Zusammensetzung ist die thermische Ausdehnung von Gläsern im Transformationsbereich untersucht worden. Die nicht unerheblich von den Versuchsbedingungen abhängige Transformationstemperatur ließ sich bei bestimmter Vorbehandlung und Aufheizgeschwindigkeit mit einer Unsicherheit von $\pm$ 2 grd ermitteln. Auch die zeitliche Längenänderung bei konstanter Temperatur bis zum Erreichen des Strukturgleichgewichts (Relaxation) wurde bei Glas 16[III] unterhalb der Transformationstemperatur verfolgt. Solche Untersuchungen sind wichtig sowohl für die Alterung als auch für die Festsetzung der höchstzulässigen Gebrauchstemperatur von Thermometergläsern. Es zeigte sich, daß diese Temperaturen bei verschiedenen Gläsern um 15 bis 45 grd gegenüber früher zu erniedrigen waren.

3. *Druckmessung*

Die ständig wachsenden Anforderungen an die Wirtschaftlichkeit von Maschinen, an die Zuverlässigkeit und Sicherheit von Geräten und Bauteilen sowie der Übergang zu immer höheren Drucken und Temperaturen bei den Herstellungsverfahren der chemischen Industrie haben zu einer Ausweitung des meßtechnisch zu betreuenden Druckbereichs und zu erhöhten Ansprüchen an die Genauigkeit der Druckmeßgeräte geführt. Dazu kam von der wissenschaftlichen Seite her der Wunsch, die Eigenschaften von Stoffen bei hohen und höchsten Drucken kennen zu lernen und die Forderung, bestimmte physikalische Untersuchungen unter immer niedrigeren Drucken (Höchstvakuum) auszuführen. Diese Entwicklung hat auch die Arbeiten der PTB auf dem Druckgebiet beeinflußt.

a) Verwirklichung der Druckskale, Druckmeßgeräte

Als Hauptnormal für Drucke bis 50 at steht eine im Willi-Wien-Turm untergebrachte, durch umfließendes Wasser temperierbare Hg-Säule von 35 m Höhe zur Verfügung. An diese werden schrittweise verschiedene Druckwaagen neuer Konstruktion, deren Meßbereiche sich überlappen, angeschlossen. Auf diese Weise kann die Druckskale bis 12 000 kp/cm² je nach Meßbereich mit Unsicherheiten zwischen 0,01 und 0,1 % verwirklicht werden. Die Messung von Drucken bis 25 000 kp/cm² und mehr geschieht mit Manganin-Manometern, deren elektrischer Widerstand in bekannter Weise vom Druck abhängt. Auch andere Widerstandsmaterialien, z. B. Centanin, haben sich für diesen Zweck als geeignet erwiesen.

Für die Prüfung von Barometern wurde ein Normalquecksilberbarometer gebaut, das eine Messung des Luftdrucks bis auf etwa ± 0,003 Torr gestattet. Die Lage der Hg-Oberflächen wird durch zwei Stahlspitzen festgelegt, die von ihren Spiegelbildern im Quecksilber denselben kleinen Abstand haben. Der Vertikalabstand der Spitzen kann an einem Maßstab abgelesen werden. Das Gerät dient u. a. zur Feststellung der Drucke bei der Verwirklichung von Temperaturfixpunkten nach der Siedemethode.

Auch im Bereich des Hochvakuums ist ein Fortschritt erzielt worden. Während an der PTR die Zuverlässigkeit des MacLeodschen Vakuummeters bis herab zu Drucken von 10^{-5} Torr von *K. Scheel* und *W. Heuse* nachgewiesen werden konnte, ist es jetzt gelungen, diese Methode für die Absolutmessung von Drucken bis zu 10^{-8} Torr auszudehnen. Als Druckkriterium wird die Ebenheit eines an einer kreisförmigen Kante sich bildenden Quecksilbermeniskus benutzt, der ein sehr kleines zylinderförmiges Volumen von nur etwa 0,04 mm³ abschließt. Ein ähnliches Meßprinzip ist bei einem Differentialmanometer für gasthermometrische Zwecke mit Erfolg angewendet worden (S. 102).

Auch der Verbesserung von Überdruckmessern mit elastischem Meßglied, die in der Industrie am häufigsten gebraucht werden, wurden zahlreiche Untersuchungen gewidmet. Insbesondere sind die elastischen Nachwirkungen sowie die Hysterese- und Ermüdungserscheinungen zahlreicher solcher Manometer bei Dauer- und Wechsellast bestimmt worden. Für sehr hohe Drucke bis 9500 kp/cm² hat sich ein Stabmanometer mit exzentrischer Bohrung bewährt, das sich durch große Auslenkung des freien Stabendes und durch sehr geringe elastische Nachwirkung auszeichnet.

Als neues Prinzip zur Messung und Registrierung kurzdauernder Druckimpulse z. B. bei Explosionen konnte die Leitfähigkeitsänderung geeignet orientierter Ge-Kristalle bei einseitigem Druck herangezogen werden. Wegen der in einem gut meßbaren Bereich liegenden Widerstände hat diese Methode gegenüber dem piezoelektrischen Verfahren gewisse Vorteile.

b) Untersuchungen bei hohen Drucken

Bei einer größeren Anzahl von magnetischen Werkstoffen, wie z. B. NiCu-, NiAl- und NiFe-Legierungen mit kleiner und großer Druckabhängigkeit der Magnetisierung wurde deren Änderung in Abhängigkeit von der Temperatur bei Anwendung allseitigen Druckes bis zu 4000 kp/cm² bis in die Nähe des Curiepunktes verfolgt. Es ergab sich, daß bei Nickel der Druckkoeffizient des Magnetisierungskraftflusses bei Feldstärken bis 1600 Oe und Drucken bis 3000 kp/cm² bei Raumtemperatur kleiner als 10^{-7} cm²/kp ist. Durch neue Messungen in der PTB konnte dieses Ergebnis für Feldstärken von 6350 Oe und Drucke bis 6000 kp/cm² bestätigt werden. Das bedeutet, daß die Sättigungsmagnetisierbarkeit von Nickel durch höhere Drucke nur wenig geändert wird. Bei der Legierung Au₂Mn, die ein ungewöhnliches magnetisches Verhalten aufweist, beobachtete man dagegen eine starke Zunahme der Magnetisierung mit steigendem Druck. Weiterhin wurden die Hall-Koeffizienten und die elektrische Leitfähigkeit von In-Sb bei Drucken bis 7400 kp/cm² und bei Magnetfeldern bis 14 000 Oe untersucht.

Messungen über die Druckabhängigkeit der dielektrischen Relaxation im Dispersionsgebiet ausgewählter Kunststoffe deuten auf eine Abhängigkeit der Aktivierungsenergie vom freien Volumen hin. Bei einer Untersuchung über das Verhalten der dynamischen elastischen Moduln unter allseitigem Druck bis 5000 kp/cm² wurde gefunden, daß sich der Wert der Poissonschen Konstanten nach einer ersten Zunahme bei höheren Drucken nicht mehr ändert.

Die Oberflächenspannung von Flüssigkeiten nimmt unter dem Druck von Helium bis 1000 kp/cm² so zu, wie es theoretisch zu erwarten ist. Unter Gasen wie Argon und Stickstoff, die sich in bestimmten Flüssigkeiten stark lösen, kann die Oberflächenspannung mit steigendem Druck bis auf Null abnehmen (kritischer Mischungspunkt). Bei Nonan und

Methylalkohol unter Argon zeigte sich, daß die Dichte der Gasphase mit steigendem Druck rascher zunimmt als die der Flüssigkeit. Beim Druck von 712 kp/cm² (Nonan) und von 850 kp/cm² (Methylalkohol) wird Dichtegleichheit erreicht. Oberhalb dieser Drucke ist die Dichte des Gases größer als die der Flüssigkeit, so daß sich das Gas unterhalb der Grenzfläche ansammelt (barotropisches Phänomen). Bei weiterer Druckzunahme verschwindet die Grenzfläche am kritischen Mischungspunkt.

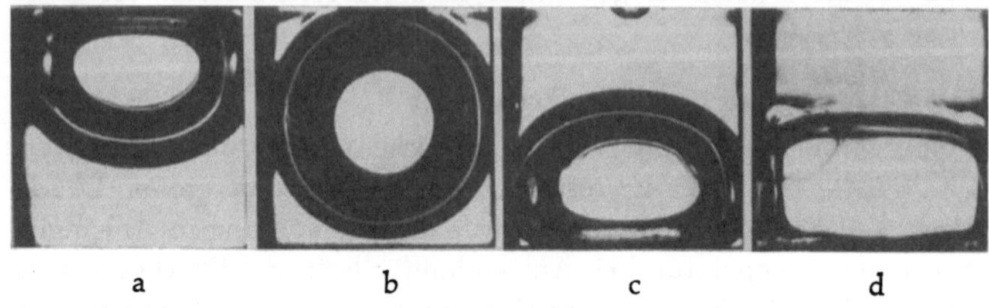

a   b   c   d

Abb. 17. Barotropisches Phänomen am System Nonan-Argon (3 fache Vergr.)

a) 680 at, Flüssigkeit unten
b) 712 at, Dichtegleichheit
c) 750 at, Flüssigkeit oben
d) 820 at, in der Nähe des kritischen Mischungspunktes

4. *Wärmeleitung und Wärmeübertragung*

Die experimentelle Untersuchung der Wärmeleitfähigkeit von festen und flüssigen Stoffen gehört schon seit der Jahrhundertwende zu den Aufgaben der PTR. Von *Kohlrausch, Jäger* und *Diesselhorst* stammt das viel benutzte Verfahren der Bestimmung der Wärmeleitfähigkeit im stromerwärmten Leiter (Metalle). *M. Jakob* hat das Einplattenverfahren für feste und flüssige Nichtleiter zu einer zuverlässigen Methode ausgestaltet und damit u. a. die Wärmeleitfähigkeit des Wassers im Temperaturbereich zwischen 0 und 100 °C gemessen. Die von ihm gefundenen Werte gelten bis heute als zuverlässig. Auch in der Folgezeit hat sich die PTR zunächst mehr der Untersuchung von Nichtleitern zugewandt. Mit einem relativen Meßverfahren für Kunststoffe bei normalen Temperaturen und einem absoluten für keramische Materialien bis 800 °C konnten in systematischen Versuchsreihen nützliche Zahlenwerte für viele Werkstoffe gewonnen werden. Im Rahmen dieser Untersuchungen wurden ferner die Wärmeleitfähigkeit, die spezifische Wärme und die Temperaturleitfähigkeit von Kohle an etwa 50 Proben bestimmt. Die Ergebnisse vermitteln einen geschlossenen Überblick über das Verhalten der Kohle für alle vorkommenden Dichten vom mikrokristallinen (amorphen) bis zum grob kristallinen Zustand. Erwähnt seien auch frühere Untersuchungen der PTR über den Wärmeübergang beim Verdampfen von Flüssigkeiten; ihre Resultate sind mit den späteren, vor allem in den USA und neuerdings in Rußland erhaltenen Meßwerten in mehreren Berichten zusammengefaßt, die die wesentlichen Vorgänge und Gesetzmäßigkeiten bei dieser Art von Wärmeübertragung aufzeigen.

Nach 1949 mußten sämtliche Versuchsapparaturen neu hergestellt werden, da sie käuflich nicht zu erwerben waren. Auf Grund früherer Erfahrungen sind die neuen Geräte so verbessert worden, daß sie eine geringere Meßunsicherheit aufweisen und eine kürzere Prüfzeit ermöglichen. Mehrere Einplattengeräte mit Probendurchmessern von 80, 100 und 120 mm und breiten Schutzringen dienen für die Untersuchung schlechter Leiter (keramische Werkstoffe, Kunststoffe einschl. Lacke und Schallschluckmassen) und besitzen eine Meßunsicherheit von etwa $\pm 2\,^0/_0$, wie systematische Versuchsreihen gezeigt haben. Die Notwendigkeit der Prüfung hochisolierender synthetischer Schaumstoffe, die im Bauwesen in zunehmendem Maße Verwendung finden, führte zur Konstruktion eines speziellen Zweiplattengerätes für sehr geringe Wärmeströme in der Größenordnung von 1 Watt.

In den letzten Jahren wurden Präzisionsverfahren und Versuchseinrichtungen für Nichtleiter und neuerdings auch für Metalle entwickelt, die es gestatten, die Wärmeleitfähigkeit im Temperaturbereich von 0 bis 100 °C mit einer Unsicherheit von weniger als $\pm 1\,^0/_0$ zu messen. Mit ihnen sind die Leitfähigkeitswerte zahlreicher Gläser und Metalle mit Leitfähigkeiten zwischen 1 und 340 kcal/m h grd bestimmt worden. Sie dienen ferner zur Untersuchung von Standardproben, die in Form von Platten aus Glas (100 mm ϕ, 10 bis 15 mm Dicke) oder als Zylinder bei Metallen (50 mm ϕ, 70 mm Höhe) an interessierte Forschungsstellen abgegeben werden.

Ein wesentlicher Fortschritt konnte bei der experimentellen Bestimmung der Wärmeleitfähigkeit von Metallen bei hohen Temperaturen erzielt werden. Die neue Versuchseinrichtung beruht auf der Methode des stromerwärmten Leiters. Dieser wird als Draht von etwa 1 mm Durchmesser und 150 bis 300 mm Länge innerhalb einer evakuierten Meßkammer mit konstant gehaltener Wandtemperatur ausgespannt und an beiden Enden mit Hilfsheizungen auf gleiche Temperatur gebracht. Infolge der starken Abstrahlung z. B. bei 1000 °C kann die Temperatur in der Mitte des

Drahtes je nach Belastungsstrom höher oder tiefer sein als an den Enden, wenn diese genügend hoch erhitzt sind. Bei einer bestimmten Stromstärke nimmt der Draht überall gleiche Temperatur an. Im stationären Zustand werden der Spannungsabfall zwischen den Enden und pyrometrisch die Temperaturen in der Mitte des Drahtes in Abhängigkeit von der Stromstärke gemessen. Aus der Differentialgleichung für den stromerwärmten und strahlenden Draht läßt sich dann eine Beziehung ableiten, mit der die Wärmeleitfähigkeit berechnet werden kann. Außerdem liefert die Methode den spezifischen elektrischen Widerstand, die Wiedemann-Franz-Lorenzsche Zahl und die Totalemission. Bisher wurden Nickel, Molybdän und Platin zwischen 800 und 1000 °C untersucht. Die Ergebnisse ergänzen den experimentellen Befund früherer Untersuchungen befriedigend.

5. *Viskosität*

Durch das von *Erk* entwickelte Absolutviskosimeter, das exakt auf dem Hagen-Poiseuilleschen Gesetz beruhte, hatten die Viskositätsangaben der PTR etwa ab 1936 eine zuverlässige Basis erhalten. Die mit diesem Gerät im günstigsten Fall für Viskositätsmessungen erreichbare Meßunsicherheit betrug allerdings nur etwa ± 0,25 %. Bei der Instabilität der damals verfügbaren Normalflüssigkeiten reichte dies aus. Nachdem sich später gezeigt hatte, daß das einfachere Ubbelohde-Viskosimeter mit hängendem Kugelniveau eine relative Unsicherheit von weniger als ± 0,1 % besitzt, wurde dieses Gerät für den weiteren Aufbau einer Viskositätsskale verwendet und noch während des Krieges an Öle angeschlossen, die mit dem Erkschen Viskosimeter vermessen worden waren.

Nach 1950 erhob sich immer mehr die Forderung, den absolut gemessenen Viskositätswert einer gut definierten Flüssigkeit als Bezugswert für relative Messungen international festzulegen. Die 1952 veröffentlichte Neubestimmung der Viskosität des Wassers bei 20 °C durch *Swindells*, *Coe* und *Godfrey* vom Bureau of Standards bot hierzu Gelegenheit. 1953 wurde die von diesen Autoren gemessene dynamische Viskosität des Wassers $\eta = 1{,}002$ cP bei 20 °C als Basiswert für alle Viskositätsmessungen in den USA eingeführt; die Bundesrepublik und andere Länder schlossen sich an. Für die PTB bedeutete die Annahme des neuen Wertes eine Erhöhung der früheren Viskositätsangaben um etwa ± 0,2 %. Fußend auf diesem Wert wird die Viskositätsskale der PTB heute gleichzeitig durch eine Reihe von Ubbelohde-Viskosimetern mit verschiedenem Kapillardurchmesser und durch etwa 30 Normalöle mit abgestuften

Viskositäten zwischen 2,5 cP und 70 000 cP dargestellt. Die Normalöle werden mit Ubbelohde- und mit Langkapillar-Viskosimetern überwacht und in kleineren Proben an Interessenten abgegeben.

In der praktischen Meßtechnik werden vor allem Kapillarviskosimeter, Kugelfallviskosimeter und Rotationsviskosimeter verwendet. Die bei der Anwendung dieser Geräte zu erwartenden Meßunsicherheiten sind wichtig und für die in Deutschland gebräuchlichen Bauarten durch vergleichende Untersuchungen sorgfältig ermittelt worden. Die Rotationsviskosimeter haben in neuerer Zeit dadurch eine größere Bedeutung erlangt, daß sie besser als andere Typen eine experimentelle Entscheidung der Frage gestatten, ob ein Stoff sich wie eine Newtonsche Flüssigkeit verhält oder nicht. Für alle Normalöle der PTB konnte Newtonsches Verhalten nachgewiesen werden.

Ausgehend von Fragen der Schmiertechnik war schon von *Erk* die Messung der Viskosität bei tieferen Temperaturen in das Arbeitsprogramm der PTR aufgenommen worden. Zahlreiche spätere, grundsätzliche und meßtechnische Untersuchungen trugen wesentlich zur Klärung des Fließverhaltens der Mineralöle bei. So konnte gezeigt werden, daß der Stockpunkt bei vielen Mineralölen auf der nach tiefen Temperaturen verlängerten Viskositätsgeraden (*Ubbelohde-Walther*) liegt und einer kinematischen Viskosität von etwa 30 000 St zugeordnet ist. Für solche Untersuchungen mußten geeignete Meßgeräte erst entwickelt und erprobt werden, u. a. ein Kapillarviskosimeter, mit dem sich bei tiefen Temperaturen dynamische Viskositäten bis zu 10^7 cP messen lassen, und ein Kolben-Viskosimeter, das die kontinuierliche Messung der dynamischen Viskosität sehr viskoser Stoffe von 10^1 bis 10^6 P erlaubt. Es zeigte sich ferner, daß auch das Ubbelohde-Viskosimeter im Bereich tiefer Temperaturen eine für viele Zwecke genügende Beurteilung des Kälteverhaltens von Mineralölen gestattet, ebenso das Vogel-Ossag-Viskosimeter, besonders das mit Steigrohr. In den Bereich tiefer Temperaturen gehört schließlich eine Untersuchung über die Viskosität von Stoffen im Sättigungszustand für die flüssige und die dampfförmige Phase, u. a. von Stickstoff. Die Anwendung des Korrespondenz-Prinzips führte zu einem Zusammenhang zwischen dem Verhältnis der beiden Viskositäten im 2-Phasen-Gebiet und der reduzierten Temperatur.

Die Vorgänge beim Schmelzen, Läutern und Verarbeiten von Glas werden von der Viskosität und ihrer Temperaturabhängigkeit wesentlich bestimmt. Die PTB ist seit 1958 in der Lage, als neutrale Prüfstelle die Viskosität von Glasschmelzen zwischen 600 und 1400 °C zu messen. Zur

Untersuchung dient ein Viskosimeter mit rotierender Kugel, mit dem auch Fließkurven in dem sehr weiten Bereich von 10^2 bis 10^{11} Poise aufgenommen werden können, ohne daß der Meßkörper ausgewechselt zu werden braucht. Bei der größten meßbaren Viskosität beträgt die Winkelgeschwindigkeit etwa 30 Winkelsek./Stunde entsprechend einer Umlaufzeit von mehreren Jahren. Alle bisher untersuchten Gläser verhielten sich wie Newtonsche Flüssigkeiten.

Etwa von 1939 ab nahm die PTR die Bestimmung der Viskosität von Flüssigkeiten auch bei höheren Drucken auf. Bei der Auswahl der Methode entschied man sich für das Kugelfallviskosimeter nach *Höppler* (in einem geneigten Fallrohr ablaufende Kugel). Bei Mineralölen kann die Viskosität bis auf etwa das 60fache bei Druckerhöhung auf 1000 at ansteigen. Ein bereits von *Kiesskalt* festgestellter Zusammenhang zwischen dem Druck- und dem Temperaturkoeffizienten der Viskosität konnte als allgemeines Gesetz nicht bestätigt werden. Wie sich zeigte, erniedrigen Zusätze anderer Stoffe in vielen Fällen zwar die Temperaturabhängigkeit der Viskosität, beeinflussen aber die Druckabhängigkeit nicht. Da über den Druckkoeffizienten der Viskosität des Wassers wenig zuverlässige Untersuchungen vorlagen, und der Verlauf der Viskosität bei höheren Drucken unsicher war, wurde in den letzten Jahren die Viskosität des Wassers im Bereich von 20 bis 160 °C und bei Drucken bis 500 at gemessen. Die Druckabhängigkeit der Viskosität ist gering und oberhalb 100 °C kleiner als bisher angenommen.

Bei größeren Geschwindigkeitsgefällen und höheren Wirkdrucken wird die Erwärmung der Flüssigkeit infolge der inneren Reibung nicht mehr vernachlässigbar. Eine umfangreiche Untersuchung bei Geschwindigkeitsgefällen bis 3000 s^{-1} und Wirkdrucken bis 40 at gab Aufschluß über die Energiebilanz und die Erwärmung einer viskosen Flüssigkeit beim Strömen in einer Kapillare. Eine theoretische Betrachtung von *Philippoff* erwies sich nur bei kleinen Geschwindigkeitsgefällen als richtig.

6. Tiefe Temperaturen

Der Bericht über die Entwicklung eines Kältelaboratoriums bei der PTR in Prüfung und Forschung (50 Jahre Physikalisch-Technische Reichsanstalt) aus dem Jahre 1937 schließt, wie man rückblickend sieht, einen bedeutenden Abschnitt auf dem Gebiet tiefer Temperaturen im wesentlichen ab. Dieser Zeitpunkt ist zugleich das Ende einer Entwicklung, in der die Verflüssigung von Gasen allein schon ein entscheidendes Problem und das Kernstück der experimentellen Versuche die Supraleitung bildete. Diese Periode ist wesentlich gekennzeichnet durch *W. Meißner*, der zusammen mit *R. Ochsenfeld* den Effekt der Verdrängung des Magnetfeldes bei Stoffen im supraleitenden Zustand entdeckte.

Nach dem Ausscheiden von *Meißner* aus der PTR im Jahre 1934 wurden die Arbeiten fortgesetzt, die den Zusammenhang zwischen dem elektrischen Widerstand und der magnetischen Induktion im Übergangsgebiet zur Supraleitung klären sollten. Dabei fanden *K. Steiner* und *H. Schoeneck* die quasi-paramagnetische Induktionsänderung beim Beginn des Übergangs zur Supraleitung für den Fall, daß sich der Supraleiter (Sn, In oder Tl) in einem Magnetfeld befindet und von einem stärkeren Strom durchflossen wird.

Weitere umfangreiche Untersuchungen galten der Aufklärung des Mechanismus der normalen elektrischen Leitfähigkeit. Bei sorgfältigen Messungen des elektrischen Widerstandes und seines Temperaturkoeffizienten an Proben verschiedener Reinheit oder an Einkristallen bis herab zu Heliumtemperaturen zeigte sich eine deutliche Abhängigkeit des Restwiderstandes von der Temperatur, wie es früher von *Goens* und *Grüneisen* bereits an Kupferstäben festgestellt worden war. Diese Beobachtungen lieferten später den Ausgangspunkt für die Kohlersche Erweiterung der Matthießenschen Regel durch ein temperaturabhängiges Zusatzglied. Bei Temperaturen unterhalb etwa 10 °K konnte an mehreren Metallen ein Übergang vom T^5-Gesetz zu einer quadratischen Widerstands-Temperaturabhängigkeit nachgewiesen werden. Nach den neueren Auffassungen über die Elektronenleitung in Metallen ist diese Erscheinung auf Stöße der Elektronen untereinander zurückführbar.

Von besonderer Bedeutung für die Elektronentheorie der Metalle waren die vor allem von *Justi* und *Scheffers* durchgeführten Untersuchungen über die magnetische Widerstandsänderung bei tiefen Temperaturen. Entscheidend war die Entdeckung, daß der gewöhnlich isotrope Widerstand regulärer Metalle in starken Feldern von der Orientierung des Stromes und des transversalen Magnetfeldes zu den Kristallachsen abhängen kann. Möglichst reine Einkristalle aus fast allen Spalten des periodischen Systems wurden in der Folgezeit gründlich untersucht. Die Ergebnisse sprachen eindeutig gegen das Vorhandensein eines isotropen Elektronengases. Schon 1938 gelang eine erste Zusammenfassung der vielfältigen Resultate durch die Kohlersche Regel. Eine Systematik des reichhaltigen experimentellen Materials spricht dafür, daß geradwertige

Metalle wegen des Vorhandenseins von Defektelektronen keine Widerstandssättigung erfahren, während bei ungeradwertigen Metallen in starken Feldern eine Sättigung zu erwarten ist.

Bei der PTB konnte ein Kältelaboratorium erst zu Beginn des Jahres 1956 im Nernst-Bau wieder eingerichtet werden. Die neuen Verflüssigungsanlagen sind in einer großen Halle untergebracht. Im laufenden Betrieb befinden sich — auch für die Versorgung der anderen Laboratorien der PTB — zwei Gaskältemaschinen von Philips für die Verflüssigung von Luft und Stickstoff, sowie ein selbst hergestellter Wasserstoffverflüssiger nach *Clusius*. Als letzte Anlage wurde eine Collins-Apparatur zur Erzeugung flüssigen Heliums beschafft. Ein kleiner, gleich zu Anfang in Zusammenarbeit mit der Hauptwerkstatt erbauter, nach dem Prinzip der einmaligen Expansion arbeitender Simon-Helium-Verflüssiger leistet besonders dann gute Dienste, wenn Proben kleiner Abmessungen ohne großen Aufwand untersucht werden sollen. Es besteht außerdem die Möglichkeit, mit Hilfe dieser Einrichtung Röntgenuntersuchungen an Proben bei Temperaturen zwischen 4 °K und 300 °K durchzuführen.

Nach dem Aufbau aller Verflüssigungsanlagen wurde zunächst mit der Untersuchung des Verhaltens dünner Schichten in Zusammenhang mit der Supraleitung begonnen. Dabei konnte an dünnen auf kristallinen Quarz aufgedampften Tl-Schichten nachgewiesen werden, daß Sauerstoff, der bei 3 °K auf der sauberen Filmoberfläche adsorbiert wird, einen starken Einfluß auf die Normalleitfähigkeit und die Supraleitfähigkeit ausübt. Ausführlich untersucht wurden bisher bei 100 °K kondensierte Schichten der Metalle Al, In, Pb, Sn und Tl mit einer Dicke zwischen 3 und 30 nm. Bei allen fünf Metallen erniedrigte sich die Übergangstemperatur der Supraleitung, wenn die Schichtoberfläche bei 3 °K mit Sauerstoffmolekülen bedeckt wird. Erwärmt man solche mit O_2 an der Oberfläche gesättigten Schichten, so ist bei einer, für jedes Metall charakteristischen Temperatur (unter 40 °K) ein scharfer irreversibler Anstieg des Normalwiderstandes zu beobachten. Nach dieser Widerstandserhöhung ist die Übergangstemperatur der vierwertigen Metalle (Sn, Pb) zu noch tieferen Temperaturen verschoben, die der dreiwertigen Metalle (Al, In, Tl) zu wesentlich höheren als im sauerstofffreien Ausgangszustand. Der Einfluß des Sauerstoffs nimmt mit abnehmender Schichtdicke zu. So kann bei den dünnsten Schichten der Widerstand um mehr als 50 % erhöht und die Übergangstemperatur um bis zu 0,4 grd verschoben werden.

7. Sicherheitstechnik

Nach dem 1. Weltkrieg gewann die Verarbeitung von brennbaren technischen Gasen und Flüssigkeiten vornehmlich in der chemischen Industrie zunehmende Bedeutung. Um die damit verbundenen Unfallgefahren beurteilen und verringern zu können, mußten die Eigenschaften explosibler Gas/- oder Dampf/Luft-Gemische untersucht und die Schutzmaßnahmen in explosionsgefährdeten Räumen und Betriebsanlagen festgelegt werden. Diese Arbeiten, die bis zum Ende des 2. Weltkrieges zu den Aufgaben der ehemaligen Chemisch-Technischen Reichsanstalt (CTR) gehörten, fanden in Verordnungen und Vorschriften ihren Niederschlag. In den ersten Nachkriegsjahren sind die Aufgaben auf dem Gesamtgebiet des Explosionsschutzes beim Umgang mit brennbaren Flüssigkeiten, sowie die Bauartprüfungen für sämtliche elektrischen Betriebsmittel in explosionsgeschützter Ausführung von der PTB übernommen worden. Bei der nunmehr einsetzenden raschen Entwicklung der chemischen Industrie nahm die Zahl der sicherheitstechnischen Probleme sprunghaft zu. Man ging nicht nur auf kompliziertere Verbindungen und Mehrstoffgemische über; auch die Verarbeitung dieser Stoffe fand unter extremeren Bedingungen z. B. bei höheren Temperaturen oder Drucken statt. Aufwendige Untersuchungen waren die Folge. Im gleichen Maße wuchs die Zahl der zu prüfenden Typen für explosionsgeschützte Betriebsmittel. Gleichzeitig gewannen die elektrostatischen Aufladungsvorgänge und die damit verbundenen Gefahren der Zündung explosibler Gemische durch Entladungserscheinungen besondere Bedeutung.

Auch auf dem Gebiet des zivilen Beschußwesens hat die PTB bestimmte sicherheitstechnische Aufgaben von der ehemaligen CTR übernommen. Dazu gehören u. a. alle aus dem Beschußgesetz und aus dem internationalen Abkommen über die gegenseitige Anerkennung der Beschußzeichen sich ergebenden Arbeiten.

Bezüglich weiterer Aufgaben der PTB, die für das Sicherheitswesen von Bedeutung sind, vgl. Kap. VII, A 7, B 3 und 5, C 2 und F 7.

a) Sicherheitstechnische Kennzahlen

Von der stofflichen Seite aus gesehen bilden die sicherheitstechnischen Kennzahlen brennbarer Gase und Dämpfe die Grundlage für den Explosionsschutz. Sie dienen u. a. der in der Praxis durchzuführenden Beurteilung, ob und in welchem Ausmaß in einem Raum unter Betriebsbedingungen Explosionsgefahren vorliegen. Hierzu ist die Kenntnis von Flammpunkten, Explosionsgrenzen und -punkten, Detonationsgrenzen

und Explosions- und Detonationsdrucken sowie von Ausbreitungs-
geschwindigkeiten explosibler Gemische erforderlich. Zur experimentellen Bestimmung der Explosionspunkte und -grenzen von Mehrstoff-
gemischen wurde ein Gerät entwickelt, das nach dem Prinzip der fraktio-
nierten Verdampfung arbeitet. Es gestattet, den für die Praxis bedeutsamen Einfluß geringer Mengen niedrig siedender Komponenten oder
Verunreinigungen in technischen Flüssigkeiten auf die Bildung explosibler Gemische reproduzierbar zu erfassen. Damit hat die Flammpunkt-
bestimmung ihre Bedeutung keineswegs verloren; wegen ihrer Einfachheit ist sie auch heute noch zur Einteilung der brennbaren Flüssigkeiten
in Gefahrklassen vorgeschrieben. Es war aber notwendig, diese Meßmethode für höherviskose, lösungsmittelhaltige Suspensionen (z. B. von
Farben und Lacken) zu verbessern (vgl. DIN 53 213).

Um Zündgefahren durch Verwendung von Betriebsmitteln in explosionsgefährdeten Räumen beurteilen und vermeiden zu können, ist die Kenntnis der Zündtemperaturen, des Flammendurchschlagvermögens und der
Mindestzündenergie elektrischer Funken erforderlich. Zur Bestimmung
der Zündtemperatur, d. h. der niedrigsten Temperatur, bei der das zünd-
willigste Gemisch an einer erwärmten Wand gerade noch zur Explosion
gebracht wird, konnten früher beliebige Verfahren angewendet werden.
Um eine einheitliche Beurteilung zu gewährleisten, mußten die verschiedenen Methoden miteinander verglichen und die geeignetste ausgewählt
werden (vgl. DIN 51 794/Juli 61). In Zusammenarbeit mit der Bundesanstalt für Materialprüfung konnte damit eine Grundlage für internationale Vereinbarungen geschaffen werden. Einem ähnlichen Zweck dienten
Untersuchungen zur Ermittlung der kleinsten Spaltweite, bei der in
einem explosiblen Gemisch bei vorgegebener Spaltlänge gerade noch ein
Durchschlag zündfähiger Flammen möglich ist. Die gewonnenen Ergebnisse werden vornehmlich für den Bau und die sicherheitstechnische Beurteilung explosionsgeschützter Betriebsmittel in der Schutzart „druckfeste Kapselung" benötigt. Es zeigte sich, daß das Durchschlagsvermögen
sowohl von der Strömungsgeschwindigkeit der Gemische und damit vom
Druckabfall im Spalt zur Zeit des Flammendurchschlages als auch von
den strömungsmechanischen Bedingungen beim Flammenaustritt abhängt. Bei einigen Gemischen lagen die ermittelten Grenzspaltweiten um
mehr als 30 % unter den Werten, die bisher als statistisch sicher angegeben worden sind. Untersucht wurde ferner die Mindestzündenergie,
die zur Einleitung der Verbrennung von Gasgemischen verschiedener
Zusammensetzung durch elektrische Funken erforderlich ist, in Abhängigkeit von Spannung, Stromstärke, Widerstand, Kapazität und Induk-

tivität in den Stromkreisen. Diese Versuche sind auch wichtig für die Beurteilung der Zündgefahren durch elektrostatische Aufladungsvorgänge.

Die Ergebnisse dieser Arbeiten und der damit verbundenen Literaturstudien sind in dem Tabellenwerk „Sicherheitstechnische Kennzahlen brennbarer Gase und Dämpfe" zusammengefaßt.

b) Explosionsgeschützte Betriebsmittel; flammendurchschlagsichere Einrichtungen

Zahlreiche explosionsgeschützte elektrische Betriebsmittel in den verschiedenen Schutzarten (z. B. druckfeste Kapselung, Ölkapselung, Fremdbelüftung, erhöhte Sicherheit) sind unter Berücksichtigung der praktischen Verhältnisse auf ihre Zündsicherheit untersucht worden. Die Ergebnisse führten zu Empfehlungen, die u. a. in den VDE-Vorschriften 0165, 0166 und 0171 Aufnahme fanden. Die aus den Versuchen über die Mindestzündenergie gewonnenen Erkenntnisse erlaubten, die bereits vorhandenen Schutzarten durch die der „Eigensicherheit" zu ergänzen. Danach gilt ein Stromkreis als „eigensicher", wenn die zur Verfügung stehende Energie so gering ist, daß ein explosibles Gemisch durch Öffnungs- oder Schließfunken mit genügender Sicherheit nicht gezündet wird. Richtlinien für „Betriebsmittel mit eigensicherem Stromkreis" und für „eigensichere Anlagen" wurden ausgearbeitet. Obwohl diese Schutzart nur auf Stromkreise mit kleiner Spannung und Stromstärke anwendbar ist, hat sie besonders für die Fernmeß- und Fernmeldetechnik eine große Bedeutung. Mit verhältnismäßig geringem Aufwand kann ein Sicherheitsgrad erreicht werden, der im allgemeinen größer als bei den übrigen Schutzarten ist. Im Rahmen dieser Arbeiten sind auch die Untersuchungen über die Zündung explosibler Gemische durch Kriechströme auf Isolierstoffoberflächen zu nennen. Bisher konnte gezeigt werden, daß die bei Spannungen unter 1000 Volt gemessene Kriechstromfestigkeit noch keine sichere Aussage über die Zündfähigkeit der Kriechströme gestattet.

Nach den Durchführungsverordnungen zur „Polizeiverordnung über elektrische Betriebsmittel in explosionsgefährdeten Räumen und Betriebsanlagen sowie in schlagwettergefährdeten Grubenbauen" ist die PTB mit der Bauartprüfung explosionsgeschützter elektrischer Maschinen und Geräte beauftragt *). Diese Prüfungen haben einen großen Umfang angenommen und erfordern erhebliche apparative Aufwendungen.

---

*) Für Prüfungen von Betriebsmitteln in Anlagen, die der Aufsicht der Bergbehörde unterliegen, ist die Berggewerkschaftliche Versuchsstrecke in Dortmund-Derne zuständig.

Sie werden zum Teil in den Herstellerwerken durchgeführt. Zunehmende Bedeutung gewinnt auch die Prüfung von nichtelektrischen Betriebsmitteln auf Explosionsschutz, z. B. von Diesellokomotiven, Verbrennungsmotoren für Pipelineanlagen, Zentrifugen und Zapfgeräten.

Ferner werden Flammendurchschlagsicherungen und sonstige Einrichtungen zum Schutz von Anlagen und Behältern, die explosible Gemische

Abb. 18.   Anlage zur Erzeugung explosibler Gemische;
Förderleistung bis 3 m³/min.

enthalten, auf ihre Wirksamkeit geprüft. Hierzu dienen eine in der PTB gebaute Gemischerzeugungsanlage für Förderleistungen bis 3 m³/min (Abb. 18) und ein Prüfstand für Endsicherungen. Außerdem steht eine Versuchsstrecke mit Vorkompressionsbehältern — zur Verkürzung des Anlaufweges von Detonationen — und mit Rohren bis zu 400 mm Durchmesser und 36 m Länge für die Prüfung von Detonationssicherungen zur Verfügung. Im Rahmen dieser Prüfarbeiten konnten neue Erkenntnisse gewonnen werden, die es den Herstellern ermöglichen, die Wirksamkeit von Endsicherungen, z. B. von Be- und Entlüftungseinrichtungen, sowie von Über- und Unterdruckventilen für Kraftstoffbehälter zu verbessern und den heutigen Erfordernissen anzupassen. Die früheren Konstruktionen von Endsicherungen verhinderten einen Flammendurchschlag beim Abbrennen der aus der Sicherung austretenden explosiblen Gemische nur während einer Brenndauer von 10 min. Die neuen Bauarten gewährleisten eine Durchschlagsicherheit praktisch bei beliebig langer Abbranddauer.

c) Aufklärung von Unfällen; Schutzmaßnahmen

Durch die Mitarbeit an der Aufklärung von Bränden und Explosionen beim Umgang mit brennbaren Flüssigkeiten wurden nicht nur viele der vorgenannten, sondern auch andere — zum Teil recht umfangreiche — Arbeiten ausgelöst. Die Explosionskatastrophe in Ludwigshafen (1948) veranlaßte z. B. über mehrere Jahre sich erstreckende Messungen über die Erwärmung von Flüssigkeiten in zylindrischen Behältern verschiedener Größe durch starke Sonnenbestrahlung. Bestimmt wurden die mittlere Flüssigkeitstemperatur und die Temperatur der Flüssigkeitsoberfläche als Funktion der Zeit unter den jeweils herrschenden Witterungsbedingungen. Bei der Auswertung der Versuchsdaten konnte ein Verfahren zur Berechnung der Höchstwerte unter beliebigen Bedingungen angegeben und durch weitere Versuche bestätigt werden. Damit war es möglich, die bisher benutzten Bezugstemperaturen zur Festlegung des höchstzulässigen Füllungsgrades und des erforderlichen Probedruckes von Lager- und Transportbehältern zu überprüfen. Die bisherigen Bezugstemperaturen von 40 °C mußten je nach Größe und Art der Behälter sowie ihres Inhalts auf 50 bis 70 °C — unter gewissen Bedingungen sogar bis auf 80 °C — erhöht werden, um unzulässige Behälterbeanspruchungen zu vermeiden.

Auch andere Untersuchungen, z. B. über die Ausbreitungsgeschwindigkeit brennbarer Dämpfe in Lagerbehältern, über die Explosionsgefahren in Lackieranlagen oder über elektrostatische Aufladungsvorgänge, bildeten die Voraussetzung für Empfehlungen von Schutzmaßnahmen. Die bei der Lagerung brennbarer Flüssigkeiten gesammelten Erfahrungen führten ferner zu der Ausarbeitung von „Anregungen für technische Grundsätze" zu den Richtlinien zum Schutz des Grundwassers gegen Verunreinigung durch Mineralölprodukte.

d) Elektrostatische Aufladungen und ihre Zündgefahren

In explosionsgefährdeten Räumen können elektrostatische Aufladungen, die durch mechanische Bewegungs- oder Trennvorgänge (Verschieben, Reiben oder Abheben) erzeugt werden, eine Zündgefahr darstellen.

Während man früher den Aufladungsvorgang im allgemeinen nur durch Spannungsmessungen oder mit Hilfe von Sonden qualitativ erfaßte, wurden in der PTB seit 1950 quantitative Messungen durchgeführt, und zwar bei festen Stoffen durch Ermittlung der Oberflächenladungsdichte und bei kontinuierlich strömenden Flüssigkeiten, Nebeln oder Stauben durch Messung des Aufladungsstromes. So ließ sich z. B. die Aufladung verschiedener flüssiger Kohlenwasserstoffe beim Strömen durch Rohre als Funktion von Rohrdurchmesser, Rohrlänge und Strömungsgeschwindigkeit untersuchen. Die Arbeiten führten zu einer phänomenologischen Beschreibung des Aufladungsvorganges, der hierzu in zwei voneinander weitgehend unabhängige Mechanismen unterteilt wird, nämlich in die von mikroskopischen Zuständen im Bereich der Grenzflächen abhängige Ladungstrennung, die sich bei kontinuierlich ablaufenden Vorgängen als Aufladungsstrom messen läßt, und in den gleichzeitig stattfindenden Ladungsausgleich, der vornehmlich von der Leitfähigkeit und der Relativgeschwindigkeit der beteiligten Medien bestimmt und als Rückstrom beschrieben wird. Erst die Differenz der beiden Größen ergibt die Aufladung auf den getrennten Medien. Hieraus ließen sich charakteristische Kenngrößen ableiten, die für die Praxis zur Beurteilung von Schutzmaßnahmen von besonderer Bedeutung sind. In diesem Zusammenhang ist die Relaxationslänge von turbulent strömenden Flüssigkeiten zu nennen, die sich aus dem Produkt der Relaxationszeit der Flüssigkeit (Dielektrizitätskonstante dividiert durch spezifische Leitfähigkeit) und der mittleren Strömungsgeschwindigkeit ergibt. Ist diese Länge groß gegen den Rohrdurchmesser, so strebt die Aufladung der Flüssigkeit als Funktion des zurückgelegten Weges im Rohr etwa in Form einer e-Funktion einem maximalen Endwert zu, der annähernd proportional den Quadraten der Strömungsgeschwindigkeit und des Rohrdurchmessers ist. Die Relaxationslänge ist dabei etwa gleich der Rohrlänge, bei der die Aufladung der Flüssigkeit ungefähr 65 % des Endwertes erreicht. Bei großen Relaxationslängen (im Vergleich zum Rohrdurchmesser) ist im allgemeinen mit gefährlichen Aufladungen zu rechnen; bei kleinen dagegen sind in der Regel nur Aufladungsgefahren beim Versprühen der Flüssigkeit zu erwarten. In ähnlicher Weise lassen sich die Aufladungsvorgänge beim Reiben oder Verschieben von festen Stoffen erfassen. Weitere Untersuchungen über die Aufladung beim Entspannen von Kohlendioxyd ergaben u. a., daß sich beim Inertisieren größerer Tanks durch Einblasen von Kohlendioxyd Raumladungswolken bilden, die zu Zündgefahren Anlaß geben können. Ein solcher Vorgang ist mit großer Wahrscheinlichkeit als Ursache für die Explosionskatastrophe bei Bitburg (1954) anzusehen.

Während die Zündfähigkeit von Ladungsansammlungen auf elektrischen Leitern hinreichend bekannt war, fehlten nähere Angaben für Nichtleiter. Es war zu untersuchen, wie sich Flächenladungen auf festen Stoffen oder Raumladungen in Flüssigkeiten sowie in Gasen, Dämpfen, Nebeln oder Stauben verhalten, wenn diesen leitende Teile (Elektroden) genähert werden. In diesem Zusammenhang wurde das Zündvermögen elektrischer Entladungen in Abhängigkeit von Elektrodenform und Entladungsart sowie von der Art der explosiblen Gemische ermittelt. Dabei ergab sich, daß explosible Gemische zwar nicht durch Büschelentladungen aus spitzen wohl aber durch solche aus schwach-gekrümmten Elektroden (Krümmungsradius mindestens 10 mm) gezündet werden können. Es genügen dafür Ladungsmengen von etwa 10^{-7} Coulomb, die schon durch starkes Reiben einer hochisolierenden Fläche von etwa 200 cm² entstehen.

Die Ergebnisse dieser Untersuchungen bildeten u. a. die Grundlage für die „Richtlinien zur Verhütung von Gefahren durch elektrostatische Aufladungen".

D. Optik

1. Bildoptik

Die ständig steigenden Anforderungen, die an optische Geräte gestellt werden, und die besonders durch den verstärkten Konkurrenzkampf auf dem Weltmarkt bedingt sind, erfordern sowohl eine laufende Verbesserung der Prüf- und Untersuchungsmethoden als auch eine intensive Forschungsarbeit auf allen optischen Gebieten, insbesondere auf dem der Bildoptik.

Schon vor dem 2. Weltkrieg sind in der PTR die Abbildungsfehler optischer Systeme untersucht und Methoden zu ihrer Bestimmung geschaffen worden (streifende Abbildung). Nach dem Kriege wurden weitere visuelle und photoelektrische Verfahren zur Messung der Längs- und Queraberration optischer Systeme entwickelt, die eine erhöhte Genauigkeit bei geringem Zeitaufwand zuließen und die auch relativ einfach die Wellenaberrationen zu messen gestatteten.

Um den erhöhten Anforderungen an die Abbildungsgüte gerecht zu werden, sind zu ihrer objektiven Kennzeichnung neue Begriffe wie z. B. Informationskapazität oder Übertragungsfunktion aus der elektrischen Nachrichtentechnik übernommen worden. Die bisherigen Darstellungen der optischen Abbildungsfehler berücksichtigen Lichtbeugung und Intensität der Einzelbündel nicht, und die Aberrationskurven sind deshalb im allgemeinen nur schwer deutbar. Einen Ausweg bietet die Bestimmung der Abbildungsgüte mit Hilfe der Kontrastübertragungsfunktion.

Mathematisch läßt sich zeigen, daß man in der Optik, entsprechend der Theorie von Fourier, jedes Bild durch Zusammensetzen ortsabhängiger, sinusförmiger Helligkeitsverteilungen verschiedener Gitterkonstanten (Ortsfrequenzen genannt) darstellen kann. Wegen der flächenhaften Ausdehnung der Bilder überlagern sich zwei Helligkeitsverteilungen in zwei zueinander senkrechten Richtungen. Bildet man das Verhältnis von Bildkontrast zu Objektkontrast eines Gitters, so erhält man den Kontrastübertragungsfaktor des abbildenden optischen Systems. Die Abhängigkeit dieses Faktors von der Ortsfrequenz heißt Kontrastübertragungsfunktion. Sie kann experimentell bestimmt oder aus den geometrisch optischen Daten und der Beugung berechnet werden. Obwohl optische Systeme lineare Übertrager sind, führt die Rechnung zu Integralen, die nur mit elektronischen Rechenanlagen in tragbarer Zeit zu bewältigen sind. Für einige handelsübliche Objektive wurde die Rechnung durchgeführt, um die experimentell gewonnenen Ergebnisse mit der Theorie zu vergleichen.

Die Theorie zeigt, daß der Kontrastübertragungsfaktor komplexer Natur ist und aus Betrag und Phase besteht, wobei sich die Phase in einer Verlagerung des Bildes durch Koma und Verzeichnung ausdrückt. Es konnte experimentell gezeigt werden, daß diese Fehler bei photographischen Systemen meistens klein sind, weshalb die Phase im allgemeinen nur eine untergeordnete Rolle spielt.

Die in der PTB zur Messung der Kontrastübertragungsfunktion entwickelten Geräte sind im Prinzip Mikrophotometer zur Bestimmung der Kontraste innerhalb des Luftbildes, das durch das zu untersuchende optische System von speziellen Testobjekten erzeugt wird. Als Testobjekte dienen dabei Gitter mit rechteckiger oder sinusförmiger Verteilung der Lichtdurchlässigkeit und gruppenweiser Änderung der Ortsfrequenzen. Oft werden auch Kanten oder Spalte benutzt. Die im Luftbild vorhandene Lichtverteilung wird nach Verstärkung auf einem Oszillographenschirm oder mittels eines Schreibgerätes sichtbar gemacht und durch mathematische Fourier-Analyse oder durch mechanische oder elektrische Analysatoren in ihre Sinusfrequenzen zerlegt. So erhält man Betrag und Phase des Kontrastübertragungsfaktors. Wird der Objektkontrast gleich 1 gesetzt, dann stellt die Umhüllende der Oszillographenkurve unmittelbar die Kontrastübertragungsfunktion dar. Unter Benutzung eines Zweistrahl-Oszillographen kann auch die Phase leicht bestimmt werden.

Die Messungen ergaben, daß sich die beste Einstellebene bei manchen Objektiven nicht nur bei Änderung des Öffnungsverhältnisses verlagert, sondern daß sie für verschiedene Ortsfrequenzen auch an verschiedenen Stellen liegt. Außerdem kommt es vor, daß mehrere Bildebenen auftreten. Aus der sphärischen Aberrationskurve können diese Ergebnisse nicht unmittelbar abgeleitet werden. Da sich auch für Bildpunkte außerhalb der optischen Achse Kontrastübertragungswerte bestimmen lassen, ist es möglich, bei einer bestimmten Lichtwellenlänge die Kontrastgebirge im Bildraum für meridionale und sagittale Abbildungen und für verschiedene Ortsfrequenzen zu ermitteln. Spezielle Anordnungen ermöglichen es, Kontrastübertragungsfunktionen von Photoobjektiven, Projektionsobjektiven, Meßobjektiven, Mikroobjektiven und Fernrohren in der PTB zu untersuchen.

Ein wesentlicher Vorteil der Kontrastübertragungsfunktion ist ihre einfache Kombinierbarkeit bei inkohärenter Abbildung. Da in erster Näherung auch photographische Schichten als lineare Übertragungssysteme angesehen werden können, lassen sich auch hierfür solche Funktionen bestimmen, wie Messungen in der PTB für verschiedene Emulsionen zeigten. Es war möglich, den Abbildungsvorgang vom Aufnahmeobjektiv über die photographische Emulsion bis zur Projektion zu verfolgen und eine Gesamtübertragungsfunktion für die verschiedenen Bildfeldteile anzugeben. Da das Auflösungsvermögen des Auges nicht nur von der Adaptationshelligkeit, sondern wesentlich von Objektgröße und Kontrast abhängt, gibt die Schwellenkurve des Auges in Verbindung mit der Gesamtübertragungsfunktion die Grenze an, bei der bei einem bestimmten Kontrast Strukturen des Gesamtsystems noch auflösbar sind. Welche Einzelheiten, Kontraste usw. für einen speziellen Abbildungsfall noch als wichtig anzusehen sind und von welchem Verlust an man Bilder als schlecht bezeichnen muß, kann nur von Fall zu Fall festgelegt werden. Die experimentell verhältnismäßig leicht erfaßbare Kontrastübertragungsfunktion gibt jedenfalls ein objektives Kriterium für die Abbildungsgüte eines optischen Systems.

Vergleichsmessungen mit anderen — insbesondere auch ausländischen — Laboratorien wurden zunächst für die zentralen um die optische Achse gelegenen Bildteile durchgeführt, um Anhaltspunkte über systematische Fehler zu erhalten. Dabei zeigten sich zwar noch geringe systematische Abweichungen, die jedoch innerhalb von $\pm\,5\,\%$ der Funktionswerte lagen.

2. *Ebenheitsmessung*

Die Messung der Abweichungen einer vorgegebenen Fläche von der idealen Ebene kann durch gegenseitigen Vergleich von 3 Flächen geschehen. *O. Schönrock* hat in der PTR dieses Verfahren für die praktische Anwendung nutzbar gemacht. Da die Messungen nach dieser Methode sehr langwierig sind, hat man in der PTR schon frühzeitig versucht, Flüssigkeiten als Ebenheitsnormale zu verwenden. Die damaligen Versuche waren jedoch nicht besonders erfolgreich, weil die Ebenheit des

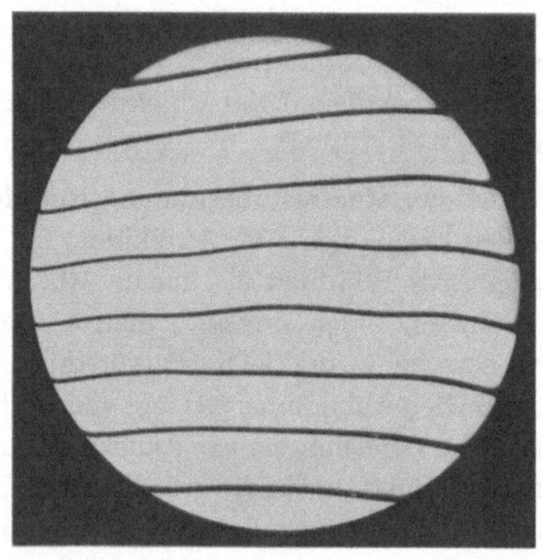

Abb. 19.   Vielfachinterferenzen bei der Ebenheitsbestimmung einer Quarzglasplatte von 150 mm Durchmesser gegen einen Hg-Spiegel.
Die maximale Abweichung von der idealen Ebene beträgt ± 80 Nanometer

Flüssigkeitsspiegels durch Erschütterungen z. B. bei Quecksilber sowie durch geringe Temperaturdifferenzen oder elektrostatische Aufladungen bei Nichtleitern beeinträchtigt wird.

Neuere Untersuchungen haben zu einem „Hg"-Spiegel geführt, der weitgehend gegen Erschütterungen unempfindlich ist, weil er die geringe Dicke von 0,2 mm hat. Um das zu erreichen, befindet sich das Quecksilber in einer innen versilberten Metallschale, wo es durch Amalgamieren zur Benetzung gebracht wird. Bei Verwendung von Silber als Unterlage läßt sich eine Oxydation der Oberfläche über längere Zeit verhindern.

Bei Ebenheitsmessungen wird die zu prüfende Platte auf der Metallschale justierbar so montiert, daß die zu untersuchende Fläche einen Ab-

stand von nur 0,1 bis 0,2 mm von dem „Hg"-Spiegel hat. Um Vielfachinterferenzen herstellen zu können, ist die Prüffläche durch Bedampfung
mit Aluminium verspiegelt.

Mit dieser Methode lassen sich Abweichungen von der idealen Ebene auf
etwa 1 Nanometer genau ausführen. Über eine andere Anwendung des
Ebenheitsnormals vgl. S. 61.

3. *Strahlungs- und Lichtmessung*

a) Strahlungsmessung

Als um die Jahrhundertwende *Max Planck* zur Darstellung der spektra-
len Verteilung der Hohlraumstrahlung seine berühmte Formel aufstellte,
in der erstmals das nach ihm benannte Wirkungsquantum erschien, bildeten die in der PTR vor allem von *Lummer* und *Kurlbaum* ausgeführten Messungen dafür die Voraussetzung. Es ist daher verständlich, daß
in der Folgezeit der Messung der Konstanten des Planckschen und Stefan-
Boltzmannschen Gesetzes umfangreiche Arbeiten gewidmet wurden. So
hat *C. Müller* Anfang der dreißiger Jahre die Boltzmann-Konstante σ
bestimmt. Spätere Diskrepanzen von etwa 1,7 % zwischen dem direkt
gemessenen und dem aus den Atomkonstanten errechneten Wert gaben
Veranlassung, in der PTB mit einer Neubestimmung von σ zu beginnen
(vgl. S. 101).

In eine σ-Messung gehen eine Anzahl Parameter ein, z. B. die „Schwärze"
von Strahler und Empfänger. Aus der Messung der Schwärze von Hohl-
raumstrahlern, die nicht wie früher angenähert durch Berechnung, sondern experimentell ermittelt wurde, haben sich wichtige Hinweise für die
Strahlerform ergeben. Bei der Untersuchung von Empfängern, die einen
Vergleich der eingestrahlten mit einer dem Empfänger direkt zugeführ-
ten elektrischen Energie gestatten, hat sich gezeigt, daß Goldschichten
auf dünnen Unterlagen wegen der relativen Robustheit und einfacheren
Herstellung den Vorzug vor freitragenden dünnen Goldfolien verdienen,
obwohl diese empfindlicher sind. Die gesamte Apparatur vom Strahler
bis zum Empfänger ist in ein doppelwandiges Gehäuse eingebaut, das
temperiert und mit einer definierten Atmosphäre gefüllt oder evakuiert
werden kann.

Neben diesen fundamentalen Arbeiten befaßt sich die PTB auch mit den
für Prüfzwecke erforderlichen sekundären Standards. Als solche dienen
im allgemeinen Glühlampen, die an den Schwarzen Strahler angeschlossen werden. Für das UV-Gebiet haben sich Hg-Hochdrucklampen nach

einer Alterung bis zur Reproduzierbarkeit ihrer Werte als sekundäre Standards bewährt, so daß sie für einen internationalen Vergleich herangezogen werden konnten. Bei den für Strahlungsmessungen verwendeten unselektiven thermischen Empfängern ist mit Hilfe besonderer Thermorelais-Verstärker die höchstmögliche Empfindlichkeit von etwa 10^{-8} W/cm² erreicht worden.

Für spektrale Strahlungsmessungen wurde ein praktisch komafreier Spiegel-Doppelmonochromator mit großer Öffnung entwickelt. Das Gerät hat gegenüber anderen Konstruktionen den Vorteil, die Koma durch Verwendung von Abbildungsspiegeln verschiedener Brennweiten zu vermeiden. Dadurch wird gewährleistet, daß ein Strahl während des gesamten Strahlengangs stets homologe Stellen der Spiegel trifft. Die Bildfehler im ersten Geräteteil können im zweiten kompensiert werden.

b) Lichtmessung (Photometrie)

Bei Lichtmessungen wird die Strahlung des sichtbaren Spektralgebiets nicht energetisch, sondern nach ihrer Helligkeitswirkung auf das menschliche Auge bewertet, dessen spektrale Empfindlichkeitsverteilung $V(\lambda)$ dafür maßgebend ist. Als Lichteinheit dient die Leuchtdichte des schwarzen Strahlers bei der Erstarrungstemperatur des Platins (Primärstandard). Bei internationalen Vergleichsmessungen von Glühlampen, die in verschiedenen Staatslaboratorien an die primären Standards angeschlossen wurden, haben sich Unterschiede bis etwa 1 % ergeben, die vermutlich durch die nicht immer genügende Verwirklichung des Schwarzen Strahlers bedingt sind. In der PTB sind besondere Vorkehrungen getroffen worden, um die Isothermie der Hohlraumkörper zu sichern und die Wandteile in der Nähe der Öffnung bei der Messung auszuschalten.

Die Übertragung der Lichteinheit von dem Primärstandard auf Sekundärnormale nach Art der modernen Gasentladungslampen, deren Licht eine völlig andere Zusammensetzung aufweist, ist nicht einfach. Sie geschieht mit physikalischen Empfängern z. B. mit bestimmten Typen von Photozellen, deren spektrale Empfindlichkeit derjenigen des menschlichen Auges — nötigenfalls unter Verwendung von Filtern — angepaßt ist. Um zu prüfen, inwieweit diese Bedingung erfüllt werden kann, sind in der PTB die Anzeigen der Empfänger mit gehäuften visuellen Meßergebnissen mehrerer Beobachter verglichen worden.

Auch auf dem Gebiet der Farbmessung ergaben sich neue Probleme. Während bei Glühlampen (Temperaturstrahlern) die Farbwirkung durch die Temperatur der Glühkörper bestimmt wird, ist sie bei Leuchtstofflampen weit weniger festgelegt. Um auch bei diesen die Farbwirkung

(Farbvalenz) bestimmen zu können, wurden geeignete Meßeinrichtungen
gebaut. Als Vergleichstandards zur Ermittlung der Farb- oder Verteilungstemperatur stehen schwarze Strahler für Temperaturen bis 3000 °C
zur Verfügung. Man kommt auch mit einer einzigen Temperatur z. B.
2500 °C für den Schwarzen Strahler aus, wenn man in den Lichtweg geeignete Konversionsfilter einschaltet. In der PTB sind zahlreiche Farb-
glaskombinationen untersucht und so abgestimmt worden, daß damit

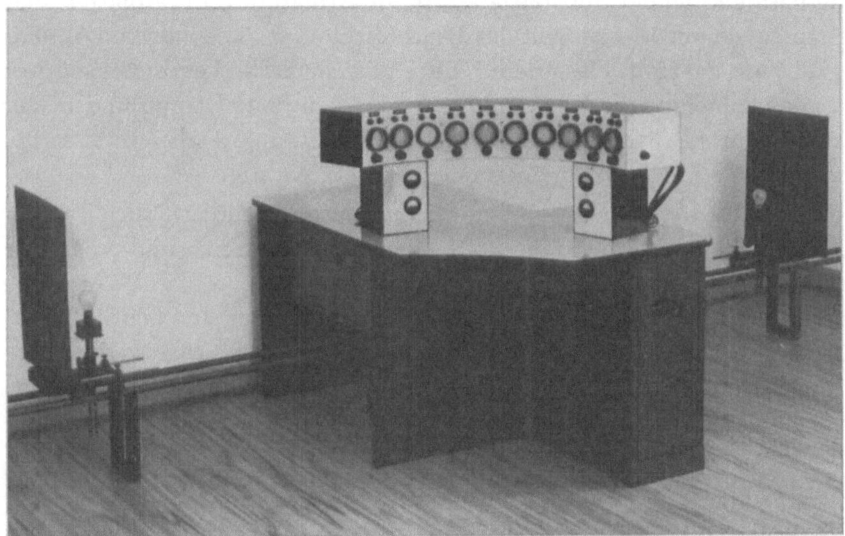

Abb. 20.   Automatisch arbeitendes Gerät zur photoelektrischen Bestimmung
der Verteilungstemperaturen von Glühlampen

die Darstellung der Planckschen Strahlungsverteilung im sichtbaren Gebiet von beliebiger Temperatur möglich ist.

Zum raschen photoelektrischen Vergleich der Verteilungstemperatur
einer Glühlampe mit einer Normallampe ist ein automatisch arbeitendes
Gerät gebaut worden. Die Differenzen der Strahldichten beider Lampen
lassen sich für 10 verschiedene Spektralgebiete an 10 Oszillographen-
röhren unmittelbar ablesen (Abb. 20).

Eine weitere Aufgabe der Lichtmessung ist die richtige Bewertung und
Messung von moduliertem Licht, insbesondere die Ermittlung der Auf-
fälligkeit von Blinklicht, das im Verkehr eine große Rolle spielt. In den
letzten Jahren wurden Methoden und Geräte entwickelt, die es gestatten,
die erforderlichen Kenndaten für Licht beliebiger Farbe und Frequenz zu

messen. Es konnten ferner Richtlinien für die Prüfung von Kennleuchten
für Blinklicht aufgestellt werden, die später in der Straßenverkehrsord-
nung festgelegt worden sind (vgl. S. 82).

4. *Lumineszenz*

Phänomene der Photolumineszenz wurden bereits vor dem 2. Weltkrieg
in der PTR untersucht. Die Arbeiten erstreckten sich auf die Herstellung
lang nachleuchtender Substanzen, z. B. für Armaturen, Zifferblätter, Pla-
ketten sowie auf Messungen der Leuchtdichte der Phosphore in Abhängigkeit von der Zeit. Nach dem Kriege gewannen die Leuchtstoffe durch
die stark zunehmende Verwendung in der Leuchtstofflampe und in der
Kathodenstrahl-(Fernseh-)Röhre erhöhte Bedeutung. Dabei wurden besonders die schnell abklingenden Leuchtstoffe wichtig.

An einem Phosphor interessieren außer dem Nachleuchten auch Tempe-
raturverhalten, Photoleitfähigkeit, Thermolumineszenz und spektrale
Verteilung seiner Emission. Für die Untersuchung dieser Phänomene
hält die PTB Apparaturen bereit, um Aussagen über den Leuchtmechanismus der zahlreichen Phosphore zu erhalten. So wurden z. B. Phos-
phoroskope entwickelt, mit denen es möglich ist, Abklingzeiten nach UV-
Anregung im Bereich 10^{-1} s bis 10^{-6} s zu messen, nach Kathodenstrahlanregung sogar bis zu 10^{-7} s. Auch das Verhalten der Substanzen bei
Elektronenbeschuß in Abhängigkeit von der Temperatur ist eingehend
untersucht worden. Dabei zeigte sich, daß die sogenannte Kathodother-
molumineszenz — d. h. das Auftreten von Emissionsmaxima bei der Erwärmung im Gegensatz zum monotonen Verlauf bei der Abkühlung eines
ständig mit Kathodenstrahlen angeregten Phosphors — kein Haftstellen-
effekt des Leuchtstoffes ist, sondern daß sich durch Kondensieren und
Wiederverdampfen von Gasen und Dämpfen die Emissionsfähigkeit der
Kathode ändert.

Nach ihrem Leuchtmechanismus unterscheidet man als Haupttypen die
Rekombinationsleuchtstoffe (z. B. ZnS, CdS, ZnO mit verschiedenen
Aktivatoren) und die Zentrenleuchtstoffe (z. B. Wolframate, Molybdate,
Uranylverbindungen). Eine Mittelstellung nehmen etwa die Silikate und
andere mit Mangan aktivierte Leuchtstoffe (Phosphate, Borate, Arsenate
u. ä.) ein. An Phosphoren dieser Typen wurde in der PTB besonders der
Einfluß der Haftstellen auf die Lumineszenz untersucht, und zwar sowohl
bei Anregung mit UV- und Röntgenlicht als auch durch Elektronen (5 bis
30 kV). Als Prototype der Zentrenleuchtstoffe boten sich die Wolframate
und Molybdate an, bei denen nach UV-, Kathodenstrahl- und Röntgen-

anregung Thermolumineszenz auftritt, deren Lichtsummen je nach der Anregungsart etwa im Verhältnis 1 : 100 stehen. Die Form der Glowkurven der Thermolumineszenz ist stärker durch das Kation (Mg, Ca, Zn, Cd) bestimmt als durch das Anion (W bzw. Mo). Durch die Bestrahlung mit Elektronen und Röntgenlicht werden metastabile Haftstellen erzeugt, nachweisbar dadurch, daß die Lichtsumme der UV-angeregten Thermolumineszenz um etwa eine Zehnerpotenz vergrößert und das anfänglich rein exponentielle Abklingen nach UV-Anregung ($\tau = 5 \cdot 10^{-5}$ sec) modifiziert wird. Es tritt nämlich eine zweite Exponentialfunktion hinzu, wie sie auch bei Anregung mit Kathodenstrahlen deutlich zu bemerken ist. Diese Summe zweier Exponentialfunktionen kommt dadurch zustande, daß einerseits angeregte Elektronen direkt in den Grundzustand übergehen und andererseits Elektronen aus den Haftstellen über einen Anregungszustand in den Grundzustand übergeführt werden. Da es sich bei den Wolframaten um Zentrenleuchtstoffe mit monomolekularem Leuchtmechanismus handelt — sie zeigen auch keine Photoleitung — muß aus den Experimenten gefolgert werden, daß in den als Leuchtzentren wirksamen Wolframatkomplexen metastabile Haftstellen vorhanden sind, die durch energiereiche Bestrahlung geschaffen und durch Tempern wieder vernichtet werden können. Ihre Zugehörigkeit zur Elektronenkonfiguration in der Umgebung des Leuchtzentrums wird dadurch nahegelegt, daß Gitterstörungen, wie sie etwa durch Neutronenbestrahlung erzeugt werden können, weder die Entstehung noch die Anzahl der Haftstellen beeinflussen.

Die Wechselwirkung von Haftstellen und Lumineszenzerscheinungen konnte auch an Zinkoxyd-Phosphoren als Vertreter der Rekombinationsleuchtstoffgruppe nachgewiesen werden. Zinkoxyd emittiert bei Kathodenstrahlanregung eine grüne Bande (durch Aktivator bedingt) und eine UV-Bande (sog. Kantenemission), deren jeweilige Lumineszenz verschiedenen Mechanismen gehorcht. Das hyperbolische Abklingen der letzteren deutet auf einen bimolekularen Reaktionsmechanismus hin, während das zweifach exponentielle Abklingen der grünen Bande bei jeder Anregungsart ($\tau = 10^{-6}$ bis 10^{-7} sec) im Zusammenwirken mit einem hyperbolischen Ausläufer und der hohen Dunkel- und Photoleitung durch einen komplizierteren Mechanismus bedingt ist. Es konnte ein Reaktionsmodell vorgeschlagen werden, das durch Defektelektronenhaftstellen — deren Existenz experimentell begründet ist — die Thermolumineszenz und den in der Abklingung auftretenden hyperbolischen Ausläufer beschreibt.

Auch an der Erforschung der Elektrolumineszenz hat die PTB in den letzten Jahren starken Anteil genommen. Da zur Anregung bei pulverförmigen Substanzen vorwiegend Wechselfelder geeignet sind, ist die erhaltene Emission zeitlich nicht konstant, sondern man erhält die sog. Leuchtwellen. Diese haben die doppelte Frequenz wie das anregende Feld und weisen einige Charakteristika auf, die nach eingehender Untersuchung Aufschluß über den Mechanismus der Elektrolumineszenz gaben: So beweist die Asymmetrie der Leuchtwellen die Existenz von Rand- oder Sperrschichten in der elektrolumineszierenden Schicht. Die Nebenmaxima wurden als Folge der Polarisation im Leuchtkondensator erklärt. Auch läßt sich zeigen, daß die die Elektrolumineszenz erzeugende Rekombination stets eine „verzögerte" ist, d. h. daß erst in der auf den Anregungsvorgang folgenden Halbperiode des Feldes eine Lichtaussendung stattfindet. Dazu ist stets die Polung der oben erwähnten Sperrschichten in Flußrichtung notwendig. Die Frage, ob die Elektrolumineszenz ein Oberflächen- oder Volumeneffekt ist, kann ebenfalls mit Hilfe des Leuchtwellenstudiums weitgehend beantwortet werden. Fast alle Beobachtungen deuten nämlich daraufhin, daß ausgezeichnete Schichten (Rand- bzw. Sperrschichten an den Elektroden oder Kristallitgrenzen) für die Elektrolumineszenz unerläßlich sind.

Daneben untersucht die PTB auch das elektrische Verhalten, speziell die Alterung der elektrolumineszenten Phosphore bei gleichzeitiger Messung des Verlustfaktors, der Dielektrizitätskonstanten und der Strahldichte. Es zeigt sich, daß die zeitliche Abnahme der Strahldichte derjenigen des Verlustwinkels proportional ist. Ferner wurde gefunden, daß sich das Spannungsgesetz der Elektrolumineszenz, das gut bestätigt werden konnte, durch die Alterung insofern ändert, als der Leuchtstoff bei kleineren Spannungen als sie zur Alterung verwendet werden stärker gealtert scheint als bei höheren. Dieser Befund läßt sich durch eine unterschiedliche Teilnahme der Kristallbereiche am Alterungsprozeß erklären. Bei der Messung von Verlustfaktor, Dielektrizitätskonstante und Gleichstromleitfähigkeit während der Aufnahme von Glowkurven (Thermolumineszenz) treten sog. tan δ-Kurven auf, die Aufschluß über die Haftstellenbesetzung geben.

Dem Thema Haftstellen und Elektrolumineszenz galten — ähnlich wie bei der Photolumineszenz — weitere Arbeiten. So wurde eine Methode entwickelt, aus der Temperaturabhängigkeit der Elektrolumineszenz den „Frequenzfaktor" und die Haftstellentiefe unter dem Leitfähigkeitsband zu bestimmen. Dies kann durch Messung des Temperaturverlaufs der

Elektrolumineszenz geschehen; dabei zeigt sich ein charakteristisches Minimum, das sich mit höheren Feldfrequenzen (gemessen von 50 Hz bis 2,5 MHz) nach höheren Temperaturen verschiebt. Für den „Frequenzfaktor" ergeben sich bei den verschiedenen Leuchtstoffen Werte zwischen 10^{10} und 10^{13} s^{-1}. Ferner konnte die lange Zeit vermutete, aber vergeblich gesuchte Haftstellenfüllung durch Feldanregung nachgewiesen werden. Bezogen auf gleiche Leuchtdichte des Phosphors und gleiche Anregdauer ist die Haftstellenfüllung bei Feldanregung viel geringer als bei UV-Anregung. Quantitative Messungen des Wirkungsgrades der Haftstellenfüllung bestätigten, daß sich die Feldanregung auf kleine Bereiche der Leuchtstoffkristallite beschränkt, die etwa $^{1}/_{1000}$ des Volumens ausmachen, während sich die UV-Anregung über das Gesamtvolumen erstreckt.

5. *Der photographische Prozeß*

Untersuchungen über den Ablauf des photographischen Prozesses sind in der PTR schon um 1920 begonnen worden. Ein wesentliches Problem bildete dabei die Quantenausbeute. Es konnte gezeigt werden, daß die Gegenwart eines Akzeptors die Ausbeute um den Faktor 5 bis 7 erhöht, so daß ein Quant ein Bromsilberkorn entwickelbar machen kann. Andererseits gibt es Fälle ohne Akzeptor, in denen 1000 Quanten dafür noch nicht ausreichen. Auch das latente Bild — die bei der Belichtung entstehenden Silberatome — wurde eingehend untersucht. Bei der Messung der Temperaturabhängigkeit des photolytisch gebildeten Silbers fand *W. Meidinger* im Jahre 1941 die bei tiefen Temperaturen einsetzende Fluoreszenz des Bromsilbers. Ferner sind die bei der Entwicklung eines Kornes sich abspielenden Vorgänge mikroskopisch eingehend studiert worden.

Neben den Grundlagen des photographischen Prozesses war auch das Gebiet der Sensitometrie Gegenstand zahlreicher Untersuchungen. So kam unter wesentlicher Mitwirkung der PTR das Normblatt DIN 4512 zustande, in dem das deutsche sensitometrische System festgelegt ist. In den englisch sprechenden Ländern wird ein anderes Verfahren zur Bestimmung der Empfindlichkeit photographischer Schichten angewendet (ASA-Norm, identisch mit ISO-Norm). Während nach der deutschen Norm die Belichtung, die nach der Entwicklung der Schicht zur Schwärzung 0,1 über dem Schleier führt, entscheidend sein soll, ist in der amerikanischen eine bestimmte Form der Schwärzungskurve (Jones-Kriterium) vorgeschrieben. Dieses Nebeneinander zweier Systeme, die zudem nur über Faustformeln ineinander umgerechnet werden können, stört bei der internationalen Verflechtung des Filmmarktes sehr. Es ist daher wiederholt versucht worden, beide Systeme anzugleichen.

Vor kurzem ist eine annehmbare Synthese gefunden worden. Nach dem neuen Verfahren wird die Empfindlichkeit wie bei der deutschen Norm nach dem Kriterium „0,1 über dem Schleier" ermittelt. Die Entwicklungszeit, die früher einheitlich auf 4 min. festgelegt war, wird jedoch nunmehr für jede Filmsorte verschieden gewählt, und zwar so, daß die Schwärzungskurve zwischen den Punkten 0,1 und 0,9 eine bestimmte Steigung hat. Dafür ist in der PTB ein Verfahren ausgearbeitet und ein Auswertegerät konstruiert worden. Der Entwickler selbst wurde gegen früher nur wenig geändert. Bei zahlreichen Untersuchungen an den verschiedensten Filmsorten hat sich das neue sensitometrische System als sehr brauchbar erwiesen. Es wird daher in Zukunft möglich sein, die Gesamtempfindlichkeit (für Tageslicht) international einheitlich anzugeben.

Neben der Gesamtempfindlichkeit interessiert die Farbenempfindlichkeit von Schwarz-Weiß-Emulsionen, da durch sie die Verlängerungsfaktoren der Vorsatzfilter bei Photoapparaten bedingt werden. Für diese Messungen wird eine Filmprobe durch ein Gelb- oder Rotfilter mit definierten Eigenschaften belichtet. Die Empfindlichkeit kann dann nach dem gleichen Verfahren wie oben ermittelt werden. Versuche haben ergeben, daß dieselbe Entwicklungszeit gewählt werden darf wie bei der Bestimmung der Gesamtempfindlichkeit. Deshalb stößt die neue Methode im allgemeinen auch bei der Ermittlung der Farbenempfindlichkeit auf keine Schwierigkeiten, obwohl es oft nicht möglich ist, die Schwärzung 0,9 über dem Schleier zu erreichen.

Vor einiger Zeit ist die Sensitometrie des Farbfilms in Angriff genommen worden. Für diese Filme existieren noch keine allgemein anerkannten Methoden zur Ermittlung des Zusammenhangs zwischen der Belichtung und der nach der Entwicklung entstehenden (farbigen) Dichte. Die Empfindlichkeitsangaben für Farbumkehrfilme werden deshalb von den Farbfilmherstellern mit Hilfe von Testaufnahmen auf die vergleichbaren Empfindlichkeiten von Schwarz-Weiß-Negativ-Filmen bezogen. Eine erste Versuchsreihe zeigte, daß die Empfindlichkeitsangaben nur bei etwa der Hälfte der in Deutschland verwendeten Farbumkehrfilme mit den Werten übereinstimmen, die ein 1960 veröffentlichtes amerikanisches Verfahren liefert.

E. Akustik

1. *Schallempfänger und Schallsender*

Als im Jahre 1934 in der PTR mehrere akustische Laboratorien eingerichtet wurden, war es eine ihrer Hauptaufgaben, die Schallfeldgrößen, insbesondere den Schalldruck in den Grundeinheiten zu messen. Hierfür sind eine Reihe von Meßmethoden entwickelt worden. Zur Bestimmung der Empfindlichkeit von Kondensatormikrophonen in Abhängigkeit von der Frequenz erwies sich eine Kompensationsmethode, bei der die Schallkräfte durch elektrische Kräfte ersetzt werden, als sehr geeignet. Die Membran des Mikrophons bildet einen Teil der Wand eines kleinen Hohlraumes, der mit Wasserstoff gefüllt wird, um eine quasistationäre Schalldruckverteilung zu erhalten. Mit Hilfe der so kalibrierten Mikrophone konnten die von Schallgebern in einer Druckkammer erzeugten Schalldrucke gemessen werden. Für Messungen im freien Schallfeld stand ein reflexionsfreier Raum zur Verfügung. Zur Messung des Schalldrucks in der fortschreitenden Welle dienten die in der Druckkammer kalibrierten Mikrophone. Sie wurden so in eine Metallkugel eingebaut, daß ihre Membran einen Teil der Kugeloberfläche bildete. Auf diese Weise konnten die durch das Mikrophon hervorgerufenen Schallfeldverzerrungen berechnet und eliminiert werden.

Nach dem 2. Weltkrieg wurden die in der PTR entwickelten Meßanlagen in Göttingen und später in Braunschweig wieder auf- und weiter ausgebaut. Dazu kam im Jahre 1948 ein Meßplatz für die Kalibrierung von Mikrophonen nach dem recht genauen Reziprozitätsverfahren. Dieses während des Krieges in den USA entwickelte Verfahren gestattet es, mit Hilfe von 3 Wandlern, die paarweise als Schallsender und Schallempfänger betrieben werden, die Empfindlichkeit von Mikrophonen sowohl in der Druckkammer wie im freien Schallfeld lediglich durch elektrische Strom- und Spannungsmessungen in weiten Frequenzbereichen mit einer Genauigkeit von 1 % zu bestimmen. Ebenso genau konnte bei Druckkammermessungen nach zahlreichen Vorversuchen auch in der PTB gemessen werden. Dagegen erwies sich für die Durchführung derartiger Präzisionsmessungen die Schallabsorption des kurz nach 1945 in Braunschweig erbauten kleinen reflexionsfreien Raumes als nicht ausreichend; er wurde im Frühjahr 1961 durch einen Neubau ersetzt (Abb. 21). Bei der gewählten „Raum-in-Raum-Konstruktion" ist der eigentliche reflexionsfreie Raum (freie Grundfläche 8×9 m; freie Höhe 6 m) zur Erzielung einer hohen Luftschalldämmung von seiner Umgebung durch einen begehbaren Zwischenraum abgesetzt. Um Körperschallübertragung zu vermeiden, ruht der aus Eisenbeton hergestellte 580 t schwere Raum, der innen allseits mit 80 cm langen Keilabsorbern ausgekleidet ist, auf Stahldämmbügeln. In Höhe des Zuganges ist ein begehbares Netz aus 3,5 mm starken Stahlseilen gespannt. Der Raum wird durch eine Klimaanlage temperiert. Die bisher angestellten Versuche ergaben, daß oberhalb von 100 Hz der Reflexionsgrad der Wände kleiner als 1 % ist, was für die meisten in diesem Raum geplanten Untersuchungen ausreicht.

Abb. 21.   Reflexionsfreier Raum

Um die Empfindlichkeit eines Schallempfängers bei allseitigem Schalleinfall bestimmen zu können, wurde das Reziprozitätsverfahren auch auf diffuse Schallfelder ausgedehnt. Die Messungen müssen in diesem Falle in einem „Hallraum" mit reflektierenden Wänden ausgeführt werden. Durch die neue Methode entfällt die bisher nötige Aufnahme der Richtcharakteristik des Mikrophons in einer ebenen fortschreitenden Schallwelle und die anschließende Berechnung der Empfindlichkeit für ein diffuses Schallfeld.

Auf audiologischem Gebiet hat die PTB zur Erzielung einer einheitlichen deutschen Audiometer-Bezugsschwelle in den Jahren 1955 bis 1958 Hörschwellenbestimmungen an einer Gruppe von 70 normalhörenden Per-

sonen durchgeführt. Die Ergebnisse dienten dem Deutschen Normenausschuß zur Festlegung einer Bezugsschwelle für Reinton-Audiometer.
Weiterhin wurde auf Wunsch der Ärzteschaft im Jahre 1953 mit der
Prüfung von Hörhilfen nach den international festgelegten Richtlinien
begonnen. Seit 1959 werden für Hörhilfen Bauartprüfungen ausgeführt
und die für jeden Typ erhaltenen Meßergebnisse im Amtsblatt der PTB
veröffentlicht. Geräte, die bestimmten Bedingungen genügen, dürfen von
den Herstellern mit einem Bauartkennzeichen versehen werden. Die
Ohrenärzte haben damit zuverlässige Unterlagen, um Hörhilfen nach
ihren Eigenschaften auswählen zu können.

Nach dem Kriege erwies sich auch die Prüfung von Ultraschall-Therapie-
geräten als notwendig, um der Gefahr einer Überdosierung bei der Anwendung der Geräte zu begegnen. In Zusammenarbeit mit der Ärzteschaft und der Industrie wurde eine Bauartprüfungsordnung für Ultra-
schall-Therapiegeräte ausgearbeitet. Die Hersteller haben sich verpflichtet, auf ihren Geräten gewisse charakteristische, in der PTB auf Grund
einer Typenprüfung ermittelte Daten anzugeben.

Mehrere neue Meßplätze dienen der Untersuchung von Körperschall-
meßgeräten. Sowohl die optische Messung der Schwingungsamplitude
mit Hilfe eines Mikroskops oder eines Interferometers als auch das Reziprozitätsverfahren werden zur Kalibrierung benutzt. Die Meßeinrichtungen waren zunächst für leichte Schwingungsaufnehmer und für den Frequenzbereich von 20 bis 10 000 Hz bestimmt. Sie werden z. Z. für
schwere Aufnehmer bis etwa 6 kg, wie sie in der Seismik vorkommen,
ausgebaut.

Seit 1959 werden auch Sender und Empfänger für Unterwasserschall geprüft. Das interessierende Frequenzgebiet reicht von wenigen Hertz bis
zu einigen 100 kHz. Die Empfänger werden unter Freifeld-Bedingungen
nach dem Reziprozitätsverfahren in einem Binnensee ausgemessen.

2. *Schallausbreitung in Festkörpern*

Der rasche Fortschritt auf dem Gebiet der elektrischen Meßtechnik in den
letzten Jahrzehnten hat zu einem starken Anwachsen der Forschungs-
und Prüfaufgaben auf dem Gebiet der Schallausbreitung in Festkörpern
geführt. Gleichzeitig ist damit die Akustik in viele Gebiete der Physik
und der Schwingungstechnik eingedrungen, deren Zielsetzungen und
Problemstellungen von denen der eigentlichen Akustik zum Teil völlig
abweichen, die aber den Schall als bequeme und zuverlässige Meßgröße
nicht mehr entbehren können.

Im Zuge dieser Entwicklung, die außerdem durch die Forderung nach immer größerer Meßgenauigkeit gekennzeichnet ist, sind der PTB nach dem Kriege neben bereits seit langem bearbeiteten Sachgebieten neue interessante Aufgaben zugewachsen:

a) Elastische Kennwerte fester Stoffe

Nach den grundlegenden Untersuchungen von *Grüneisen* und *Goens* an Metalleinkristallen war bereits 1930 ein eigenes Laboratorium in der PTR eingerichtet worden, das sich bis Kriegsende mit der Ermittlung der elastischen Kennwerte von Metallen und Metall-Legierungen sowie mit der Entwicklung der hierzu erforderlichen Meßverfahren beschäftigte. Nach 1947 wurden diese Untersuchungen zunächst in kleinerem Umfange wieder aufgenommen und ab 1951 vor allem auf die hochpolymeren Kunststoffe ausgedehnt, die für zahlreiche Anwendungen in der Technik und in der Verbrauchsgüterindustrie sehr große Bedeutung gewonnen haben. Die Besonderheit dieser synthetischen Werkstoffe besteht unter anderem darin, daß sich ihre elastischen und plastischen Eigenschaften in ungewöhnlich starkem Maße mit der Temperatur und der Beanspruchungszeit ändern. Dieses Verhalten, das eine Folge molekularer Platzwechselprozesse ist, äußert sich bei dynamischer Wechselbeanspruchung in einer Frequenzabhängigkeit der elastischen Moduln, der sogenannten Moduldispersion, die mit maximaler innerer Dämpfung verknüpft ist. Bei hochpolymeren Stoffen können je nach den möglichen molekularen Umlagerungsprozessen, entsprechend der chemischen Struktur, verschiedene Dispersionsgebiete auftreten.

Zur Kennzeichnung derartiger Werkstoffe müssen die elastischen Kennwerte in größeren Temperatur-, Zeit- oder Frequenzbereichen bestimmt werden. Solche Messungen stellen einen wesentlichen Teil der molekularen Strukturforschung hochpolymerer Stoffe dar. Sie liefern darüber hinaus wertvolle Aufschlüsse über das grundsätzliche mechanische Verhalten sowie über die speziellen Anwendungsmöglichkeiten dieser Stoffe, z. B. zur Schwingungsdämpfung dünner Bleche als sogenannte „Entdröhnungsmittel" und zur Schwingungsisolation. An der Entwicklung dieses Forschungsgebietes hatte die PTB maßgebenden Anteil.

So entstand — wirkungsvoll unterstützt durch Mittel der Deutschen Forschungsgemeinschaft und industrieller Forschungsvorhaben — eine große Zahl neuartiger Apparaturen zur Messung der dynamisch-elastischen Kennwerte fester Stoffe in einem Frequenzbereich von 10^{-5} bis 10^{6} Hz bei Temperaturen zwischen -90 und $+220\,°$C sowie bei unterschiedlichen Werten der relativen Luftfeuchtigkeit. Zum Studium des bei hochpolymeren Materialien wichtigen plastisch-elastischen Langzeitverhaltens wurden Geräte zur Messung der Spannungsrelaxation und des Kriechverhaltens, der sogenannten Deformationsretardation, gebaut. Ferner stehen spezielle, an der PTB entwickelte Meßverfahren zur Bestimmung der dynamisch-elastischen Kennwerte von geschäumten Stoffen (seit 1953) und von Anstrichfilmen (1959) zur Verfügung. Grundlegende Untersuchungen dienten unter anderem zur Aufklärung des elastischen Verhaltens Hochpolymerer bei verschiedener zeitlicher Form und Art der Beanspruchung sowie bei unterschiedlicher Zusammensetzung von Stoffmischungen. Hierbei konnten die aus der linearen Theorie der Viskoelastizität folgenden Beziehungen zwischen den Materialkennwerten, die sich bei dynamischer Beanspruchung sowie im Relaxations- und Retardationsversuch ergeben, bestätigt werden. Weiterhin konnte gezeigt werden, daß der Zusammenhang zwischen Elastizitäts- und Schubmodul auch im Hauptdispersionsbereich, in dem diese Größen eine starke Zeit- und Frequenzabhängigkeit aufweisen, der klassischen Elastizitätstheorie genügt.

In jüngster Zeit konzentriert sich das Interesse auf das nichtlineare Verhalten hochpolymerer Werkstoffe bei großen Deformationen und Spannungen. Erste Untersuchungen erstreckten sich auf das mechanische Langzeitverhalten verschiedener Gummisorten bei Deformationen bis zu 700 %. Meßeinrichtungen zur Erforschung des nichtlinearen dynamischen Materialverhaltens befinden sich in der Erprobung.

b) Entdröhnungsmittel

Unter einem Entdröhnungsmittel versteht man einen auf einem Blech oder Maschinenteil fest haftenden Belag mit möglichst geringem Eigengewicht, der die Schwingungen eines solchen Teiles dämpft und so dessen Schallabstrahlung herabsetzt. Als von der Industrie nach 1950 in steigendem Maße Entdröhnungsmittel auf den Markt gebracht wurden, ergab sich für die PTB die Aufgabe, ein einfaches, genaues und objektives Prüfverfahren bereitzustellen. Durch systematische Untersuchungen gelang es nicht nur, geeignete Prüfverfahren zu entwickeln, sondern darüber hinaus auch die für die Wirksamkeit solcher Beläge maßgebenden theoretischen Grundlagen zu erarbeiten, aus denen sich die Anforderungen an das meist aus einem hochpolymeren Kunststoff hergestellte Ausgangsmaterial ableiten lassen, wenn man optimale Wirkungen erzielen will. Diese Untersuchungen lieferten einen wesentlichen Beitrag zur Lärmbekämpfung.

c) Zerstörungsfreie Werkstoffprüfung mit Ultraschall

Viele hochbeanspruchte Maschinenteile, z. B. Turbinenläufer, Dampfkessel, Hochdruckleitungen usw., werden heute sowohl bei der Herstellung wie auch im Betrieb mit Ultraschall-Echoimpuls-Geräten auf Fehler geprüft und laufend überwacht. Hierdurch ist es möglich geworden, leichtere Maschinen mit größeren Leistungen zu bauen und Unfälle und Betriebsausfälle in großem Umfang zu vermeiden. Im Zuge dieser Entwicklung wurden an die PTB verschiedene meßtechnische Fragen herangetragen. Hierzu gehört die Prüfung von Laufzeitnormalen, die vor allem bei Schallgeschwindigkeitsmessungen an Porzellanisolatoren benutzt werden. Weiterhin ist die Entwicklung von Meßverfahren zur Kontrolle der Ultraschall-Materialprüfgeräte und die Mitarbeit an der Normung von Vergleichskörpern zur Justierung und Überwachung der Gerätefunktionen dieser Prüfapparate zu nennen.

Der Schwerpunkt der Arbeiten der PTB liegt jedoch bei grundlegenden Untersuchungen über die Verbesserung der Genauigkeit bei Schallgeschwindigkeits- und Schallabsorptionsmessungen, sowie über den Zusammenhang zwischen Schallgeschwindigkeit und -absorption mit anderen Eigenschaften bei Eisenwerkstoffen. So konnte z. B. nachgewiesen werden, daß bei Grauguß nicht nur aus der Schallgeschwindigkeit, sondern auch aus der Schallabsorption Rückschlüsse auf die Zugfestigkeit gezogen werden können.

Mit speziellen, an der PTB entwickelten Hochfrequenzgeräten war es möglich, eine hohe Meßgenauigkeit zu erreichen und z. B. die Druckabhängigkeit der elastischen Konstanten von Germaniumeinkristallen bei Drucken bis zu 12 000 kp/cm² zu bestimmen. Damit wurden die seit 1945 unterbrochenen Untersuchungen über die elastischen Konstanten von Metallen und Einkristallen wiederaufgenommen.

3. *Lärmbekämpfung*

Der mit der Entwicklung der Technik angestiegene Lärm durch den Verkehr, in den Betrieben und in den Wohnungen ist zu einem täglichen Begleiter des Menschen geworden. Er kann sich recht ungünstig auswirken, sei es durch direkte Schädigung des Ohres, durch Beeinträchtigung der Sprachverständlichkeit und durch Störungen des Nachtschlafes oder einfach als Belästigung mit den damit verbundenen psychologischen und physiologischen Reaktionen. Es ist daher notwendig, bei der Konstruktion von Maschinen nicht nur auf deren Zweckmäßigkeit und Wirtschaftlichkeit, sondern besonders auch auf die von ihnen ausgehenden Geräusche zu achten. Es müssen Richtlinien aufgestellt und Gesetze erlassen werden, um die Geräuschentwicklung im Betrieb, auf der Straße und in der Wohnung in Grenzen zu halten. Hierbei hat die PTB den zuständigen Stellen Hilfe zu leisten.

Der Konstrukteur und der Gesetzgeber sind gleicherweise auf zuverlässige Geräuschmessungen und Geräuschanalysen angewiesen. Hauptbestandteil einer Geräuschmessung ist die Bestimmung des Schalldruckpegels, u. U. unter Berücksichtigung der unterschiedlichen Empfindlichkeit des Ohres für die einzelnen Frequenzgebiete. Leider hat sich inzwischen ergeben, daß es nicht möglich ist, mit einem einfachen objektiven Meßgerät die „Lautstärke" eines Geräusches zu erfassen. Die Addition mehrerer Geräuschkomponenten und der Verdeckungseffekt sind nicht durch einfache elektrische Schaltungen in der dem Ohr entsprechenden Weise nachzubilden. Eine gute Annäherung an die empfundene Lautstärke ist jedoch auf Grund von Frequenzanalysen in Oktav- oder Terzbereichen mit Hilfe von Berechnungsverfahren möglich. Verschiedene Verfahren, die zu diesem Zweck entwickelt worden waren, sind in der PTB geprüft worden, um die Parameter festzustellen, von denen die Lautstärke wesentlich abhängt. Die Ergebnisse konnten bei der internationalen Normungsarbeit verwertet werden. Weitergehende Informationen liefern die Suchtonanalyse, das Schallspektrogramm und die Korrelationsanalyse. Bei zeitlichen Schwankungen des Pegels können Registrierkurven oder statistische Messungen mit Zählwerken, wie sie von der PTB für Messungen von Straßenlärm und Fabrikgeräuschen entwickelt wurden, von Vorteil sein.

Bei den Geräuschen der Kraftfahrzeuge sind nach Fahrzeuggruppen abgestufte Grenzwerte für die zulässige „DIN-Lautstärke" als „Stand der Technik" festgelegt. Diese Grenzwerte dürfen bei Typenprüfungen und Kontrollmessungen nicht überschritten werden. Die PTB hat an der Festlegung der Meßbedingungen und der Grenzwerte im Auftrage des Bundesverkehrsministeriums mitgewirkt. In diesem Zusammenhang wurden umfangreiche Geräuschmessungen an Kraftfahrzeugen durchgeführt, so z. B. statistische Messungen bei Zuverlässigkeitsfahrten und bei Verkehrskontrollen, Untersuchungen über die Abhängigkeit von Motordrehzahl und Belastung bei Reihenmessungen an Krafträdern, Personen- und Lastkraftwagen auf den Rollenprüfständen der PTB und statistische Lautstärkemessungen im fließenden Verkehr. Die Ergebnisse sind vornehmlich in Berichtsheften der Schriftenreihe „Deutsche Kraftfahrtforschung" zusammengefaßt.

Als man vor einigen Jahren die Einführung akustischer Überholmelde-geräte für Lastkraftwagen erwog, hat die PTB nach ausführlichen Unter-suchungen der am Anbringungsort der Überholmelder auftretenden Ge-räusche und der Frequenzzusammensetzung von Hupensignalen die An-forderungen für derartige Geräte festgelegt. Im Interesse der Lärm-bekämpfung wurde jedoch die „Lichthupe" den akustischen Überhol-meldern vorgezogen.

Einen erheblichen Teil des Lärms im Stadtverkehr verursachen die Schienenfahrzeuge. Nach statistischen Untersuchungen stehen die Straßenbahnen unter den lästigen Geräuschquellen mit an erster Stelle. Es ist daher verständlich, daß die Fahrzeugindustrie bemüht ist, ge-räuscharme Bauarten zu entwickeln. Hierzu hat die PTB in den letzten Jahren umfangreiche Schallmessungen ausgeführt. Es konnte gezeigt werden, daß das Fahrgeräusch allein durch den Einbau von gummi-gefederten Rädern um 5 bis 6 DIN-phon vermindert werden kann. Außerdem läßt sich mit diesen Rädern das „Kurvenheulen", das für die Anwohner besonders lästig ist, weitgehend unterdrücken. Weitere Mes-sungen erstreckten sich auf verschiedene Typen moderner Großraum-wagen, die die alten Wagen mehr und mehr verdrängen, sowie auf den Einfluß des Oberbaues auf die Geräuscherzeugung.

Auch auf Schiffen ist die Geräuschminderung zu einem Problem ge-worden. Mit der Verdrängung der Dampfmaschine durch den Diesel-motor stieg der Lärm erheblich an. Hiervon sind sowohl die Fahrgäste wie das Schiffspersonal, besonders im Maschinenraum, betroffen. Die z. T. gesundheitsschädlichen Lautstärken im Maschinenraum haben zur Aufstellung von Höchstlautstärkewerten geführt, die bei Neubauten nicht überschritten werden sollen. Trotz der Fortschritte der Radar-Ent-wicklung spielen akustische Signale im Schiffsverkehr, besonders im Nah-bereich und bei unsichtigem Wetter auch heute noch eine erhebliche Rolle. Die Erhöhung des Geräuschpegels an Bord erschwert dabei das Er-kennen von Warnsignalen fester Stationen (auf Land und von Feuer-schiffen) und anderer Schiffe, so daß gelegentlich die für Ausweichmanö-ver zur Verfügung stehende Zeit in bedrohlicher Weise vermindert wird. Zahlreiche Schiffskollisionen bei Nebel zeugen von der gefährlichen Situation, die vor allem auf Flüssen und engen Wasserstraßen besteht. Um einen Überblick über den Störpegel zu gewinnen, führte die PTB Schallmessungen auf der Kommandobrücke einer größeren Zahl von Seeschiffen aus, die eine statistische Übersicht über die Lautstärke und Frequenzzusammensetzung der Geräusche lieferten. Die Ergebnisse dieser

Messungen wurden der internationalen Schiffssicherheitskonferenz 1960 in London und der internationalen Seezeichenkonferenz 1960 in Washington vorgelegt. Sie bildeten mit die Grundlage für die Festlegung von Mindestwerten des Pegels von Schallsignalen für Seeschiffe.

Nach dem 2. Weltkrieg setzte der Neubau von Wohnungen in großem Umfang ein. Dabei zeigte sich bald, daß in vielen Bauten die erreichte Schalldämmung nicht genügte. Um hier wirksame Abhilfe zu schaffen, mußten die Meßmethoden der Bauakustik weiterentwickelt und vereinfacht werden. Die PTB befaßte sich seit 1955 besonders mit der Verminderung der Meßunsicherheit bei Schalldämmungs- und Trittschallmessungen. Eine wesentliche Voraussetzung dazu war, den sogenannten Wiederholstreubereich bauakustischer Messungen zu kennen, d. h. den Wertebereich, innerhalb dessen die Ergebnisse rein zufällig streuen, wenn Messungen unter gleichbleibenden Bedingungen an ein und demselben Bauelement und mit der gleichen Meßapparatur oftmals wiederholt werden. Dieser Bereich wurde am bauakustischen Prüfstand der PTB bestimmt. Damit ist ein Kriterium gegeben, um bei Vergleichsmessungen mit anderen Prüfstellen oder Apparaturen systematische Fehler feststellen zu können. Die Länderministerien der Bundesrepublik haben den in ihrem Zuständigkeitsbereich liegenden Schallschutz-Prüfstellen die Teilnahme an Vergleichsmessungen der PTB als Voraussetzung für ihre amtliche Anerkennung zur Auflage gemacht.

4. Musikinstrumente und Raumakustik

Eine der ältesten Aufgaben der PTR war die Untersuchung und Abstimmung von Stimmgabeln. Bereits im Jahre 1889 hatte *H. v. Helmholtz* auf Grund der Beschlüsse der Wiener Stimmtonkonferenz (1885) die Prüfung und Beglaubigung von Kammertongabeln in der PTR eingeführt. Dazu kam in den folgenden Jahrzehnten die Prüfung von Stimmgabeln für technische Zwecke. Es bestand deshalb die Notwendigkeit, für den gesamten Tonfrequenzbereich Meßverfahren mit ständig steigender Genauigkeit zu entwickeln. Schon vor dem 2. Weltkriege wurde hierzu als Frequenznormal eine Quarzuhr benutzt; während des Krieges mußte jedoch an ihre Stelle häufig eine Riefler-Uhr treten, die sich ebenfalls in der PTR befand.

Nach vorübergehender Benutzung eines Stimmgabelgenerators stehen in der PTB seit 1953 wieder die von der Quarzuhr abgeleiteten Normalfrequenzen zur Verfügung, die bei gleichzeitiger Verbesserung und Rationalisierung der Prüfmethode (Verbesserung der Temperaturregelung,

Verwendung eines elektronischen Zählgerätes) eine Meßunsicherheit von weniger als 10^{-5} des Normwertes der Stimmgabelfrequenz zulassen. Praktische Bedeutung besitzt insbesondere die Prüfung von Normstimmtongabeln [a' = 440 Hz nach ISO-Empfehlung (1953) und DIN-Blatt 1317 (1959)] sowie die Prüfung von Sätzen verstellbarer Gabeln für Glockengießereien.

Ebenfalls mit elektronischen Zählgeräten geschieht die Prüfung der Stimmung von Blasinstrumenten. Längs der ganzen Tonskala werden die Abweichungen von der auf a' = 440 Hz aufgebauten mathematisch temperierten Tonleiter bestimmt und in $^1/_{10}$ cent angegeben. Die Ergebnisse dienen den Herstellern als Korrekturgrundlage für Einzelinstrumente und bei industrieller Fertigung für ganze Serien. Im Rahmen dieser Arbeiten werden auch die Einflüsse verschiedener Mundstücke und Blätter auf die Stimmung untersucht.

Bei Streichinstrumenten sind es vor allem Fragen der klanglichen Qualität, die von den Einsendern der Prüfobjekte an die PTB herangetragen werden. Es ist daher als glücklicher Umstand zu betrachten, daß sich bald nach der Gründung eines eigenen Laboratoriums für die musikalisch-akustischen Probleme die Gelegenheit bot, eine größere Anzahl erstklassiger altitalienischer Geigen — darunter Werke von *Stradivarius* und *Guarnerius del Gesù* — zu untersuchen. Kernstück der Messung ist dabei die Resonanzkurve, die mit elektromagnetischer Anregung am Steg gewonnen wird. Die Auswertung führt zu Angaben über die Gesamtabstrahlung, über die Energieverteilung in Formantbereichen als Charakteristikum der Klangfarbe und über die Ausgeglichenheit der Kurve, die für das Einschwingverhalten des Instrumentes wesentlich ist. Auf Grund dieser Ergebnisse an klanglich guten Geigen wurden auch die Möglichkeiten untersucht, den Neubau von Geigen durch akustische Messungen zu unterstützen. Von namhaften Geigenbauern sind eine Reihe von Instrumenten angefertigt worden, deren Werdegang durch Aufnahme der Resonanzkurven nach jedem Arbeitsgang festgehalten wurde. Nachdem einige Erfahrungen gesammelt waren, gelang auf diese Weise bereits die Herstellung von sehr ausgeglichenen Instrumenten.

In entsprechender Weise wurden auch akustische Untersuchungen an alten und neuen Orgeln vorgenommen, so im Jahre 1952 an einigen berühmten Barockorgeln Oberschwabens und später an Werken norddeutscher Meister (*Arp Schnitger, Stellwagen*) sowie an bekannten ausländischen Orgeln (Dom zu Pisa, St. Sulpice in Paris, Schloß Frederiksborg bei Kopenhagen). Die Messungen bezogen sich vor allem auf die

Feststellung der Schalldrucke und Klangspektren von Einzelregistern und Plenum-Kombinationen. Auf Grund dieser Ergebnisse konnte die PTB bei der Restauration der Holzay-Orgeln in Weißenau und der größten deutschen Barockorgel in Weingarten wesentliche Hilfe leisten. Die Aufgabe bestand darin, die Schalldrucke und Klangspektren den Werten

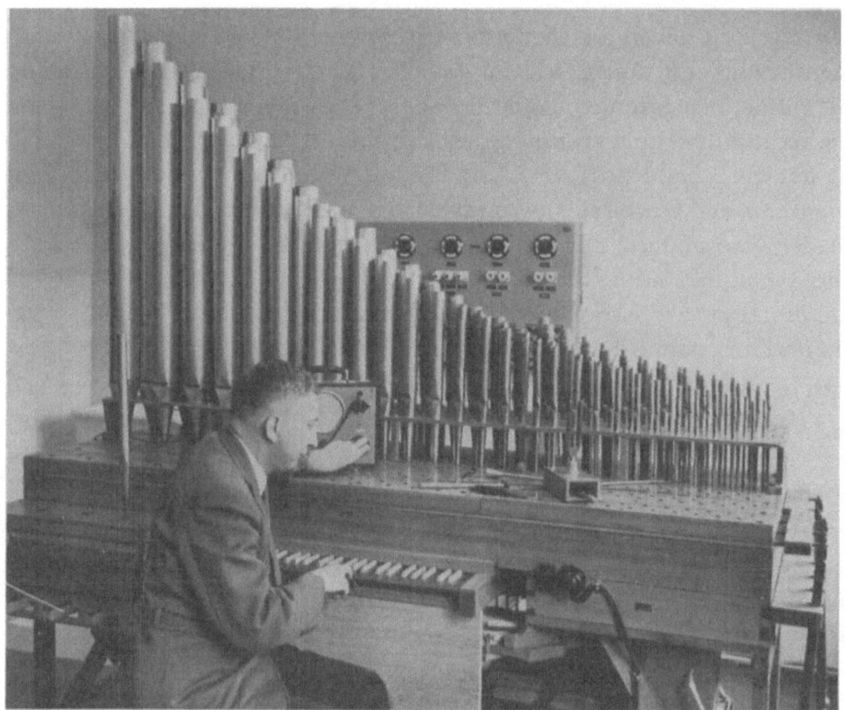

Abb. 22. Orgelpositiv zur Untersuchung von Temperierungen, Mensuren und Intonationen

der noch unverändert erhaltenen Orgeln des gleichen Meisters anzugleichen.

Neben diesen Untersuchungen wurde auch eine Reihe von Einzelproblemen bearbeitet. So konnte an einer kleinen Versuchsorgel sowie an mehreren Modellen verschiedener Traktursysteme deren Wirkungsweise durch gleichzeitige Aufnahme der Tasten- und Ventilbewegung sowie durch Oszillographieren des Einschwingvorganges studiert werden. Dabei zeigte sich die mechanische Traktur den elektrischen und pneumatischen Systemen hinsichtlich des synchronen Verlaufes von Tasten- und Ventilbewegung, sowie hinsichtlich der Möglichkeit, den Einschwingvorgang durch den Anschlag zu beeinflussen, überlegen. Weitere Untersuchungen an einzelnen Orgelpfeifen betrafen die Wirkung von Durchmesser und Aufschnitt auf die Frequenzlage der Oberresonanzen sowie deren Dämpfung. In diesem Zusammenhang konnte auch der Anregungsmechanismus der Pfeifen mit der Impulsfolge der periodisch abgelösten Luftwirbel neu gedeutet werden.

In letzter Zeit haben die Meßergebnisse an hervorragenden Orgeln auch einen Einfluß auf die Entwicklung elektronischer Instrumente ausgeübt. Bei Vergleichsmessungen verschiedener Fabrikate zeigte sich teilweise eine recht gute Annäherung an das klangliche Vorbild, besonders im Bezug auf die Schalldruck-Verteilung längs der Klaviatur und auf den Teiltonaufbau der Einzelregister und Plena. Ungünstiger dagegen steht es mit der Nachbildung der Einschwingvorgänge, da hierfür ein beträchtlicher schaltungstechnischer Aufwand erforderlich ist, wenn zusätzlich zu dem plötzlichen Einschwingen oder Einschalten des elektrischen Generators noch orgelähnliche Effekte erreicht werden sollen.

Auch bei der Neuplanung von Orgeln wird die PTB häufig zur Mitarbeit aufgefordert. Hierbei spielt zunächst die Akustik des Raumes eine entscheidende Rolle. Während man sich bei historischen Kirchen mit den gegebenen Verhältnissen im allgemeinen aus denkmalspflegerischen Gründen abfinden muß, wird bei neueren Bauwerken vielfach von der Möglichkeit, Nachhall und Diffusität durch bauliche Veränderungen auf günstigere Werte zu bringen, Gebrauch gemacht. Typisch sind bei historischen Räumen die Unterschiede zwischen gotischen und barocken Kirchen. Während die letzteren die längste Nachhallzeit im Bereich von 800 bis 1000 Hz besitzen und nach höheren und tieferen Frequenzen hin eine abfallende Tendenz zeigen, führt der gotische Baustil zu einem Maximum bei etwa 100 bis 150 Hz und einer mit zunehmender Frequenz abfallenden Nachhallkurve. Diese Raumeigenschaften müssen bei der Planung der Orgel berücksichtigt werden. So wurden beispielsweise in der gotischen Marienkirche zu Lübeck bei der neuen Totentanz-Orgel die Baßpfeifen sehr eng und die Mixturen besonders vielchörig ausgeführt. Interessanterweise war auch die aus dem 15. Jahrhundert stammende, im Kriege zerstörte Orgel in dieser Weise mensuriert worden, so daß die alten Pfeifenabmessungen für die neue Orgel wieder verwendet werden konnten.

Durch die verstärkte Bautätigkeit nach dem Kriege gewann die raumakustische Meßtechnik auch auf anderen Teilgebieten an Bedeutung. In den vergangenen 30 Jahren ist es gelungen, die Gesetzmäßigkeiten aufzufinden, nach denen sich in geschlossenen Räumen, z. B. Kirchen,

Konzertsälen usw., günstige akustische Verhältnisse schaffen lassen. Zur praktischen Lösung derartiger Aufgaben gehört die Regulierung der Nachhall-Verhältnisse mit Hilfe schallschluckender Konstruktionen, deren Schallabsorptionseigenschaften bekannt sein müssen. Diese Daten werden in Hallräumen bestimmt, d. h. in Räumen mit möglichst gut schallreflektierenden Wänden. Seit im Jahre 1953 für die raum- und bauakustischen Fragen ein besonderes Laboratorium geschaffen und ein 250 m³ großer Nachhallraum gebaut worden war, ist die PTB an derartigen Messungen und den damit verbundenen Normungsarbeiten beteiligt. Dank seiner zweckentsprechend gewählten Abmessungen und seiner Ausstattung mit zylindrischen Zerstreuungskörpern auf den Raumbegrenzungen, die eine gleichmäßige Schallenergieverteilung an allen Raumpunkten und in allen Ausbreitungsrichtungen bewirken, hat sich der Hallraum auch bei kürzlich durchgeführten internationalen Vergleichsmessungen gut bewährt. Mit einer neu entwickelten, nur wenig Schall reflektierenden Mikrophonanordnung großer Peilschärfe wird die Richtungsabhängigkeit der Schallausbreitung im Hallraum während des Abklingvorgangs nach Abschalten der Schallquelle untersucht. Die Anordnung liefert ohne großen Rechenaufwand unmittelbar Richtungsverteilungen z. B. des auf eine Prüffläche einfallenden Schalls. Damit wurde ein Beitrag zur Messung des Diffusitätsgrades geleistet, einer Größe, welche die Gleichförmigkeit des Schallfeldes in einem Raum charakterisiert und die von großem Einfluß auf die Absorptionsgrad-Messung ist.

Die Schallabsorptionseigenschaften von Materialproben lassen sich für senkrecht auftreffende Schallwellen auch mit dem sogenannten Impedanzrohr bestimmen, einer Rohrleitung, an deren Ende der Prüfling angebracht wird und in deren Inneren sich bei Anregung mit einem Lautsprecher ein Feld stehender Wellen ausbildet, das man mit einem Mikrophon ausmißt. Für solche Messungen steht der PTB ein Satz von Impedanzrohren für verschiedene Frequenzbereiche zur Verfügung. Sie bilden ebenso wie ein Meßplatz für Strömungswiderstände eine wesentliche Voraussetzung für die Mitwirkung der Bundesanstalt bei der Festlegung von Verfahren zu Messungen an Schallschluckstoffen.

F. Atomphysik

1. Elektronenoptik

Da sich gezeigt hatte, daß die elektronenoptische Methode für zahlreiche Gebiete der Physik und Technik ein wichtiges Hilfsmittel darstellt, nahm die PTB bei ihrem Neuaufbau im Jahre 1949 ein Elektronenmikroskop zur Unterstützung ihrer laufenden Untersuchungen in Betrieb. Seitdem wurden auch grundlegende Probleme der Elektronenoptik in größerem Umfange bearbeitet. Hinzu kam die Beratung anderer Laboratorien der PTB, z. B. über Fokussierung und Ablenkung von Korpuskularstrahlbündeln oder zur Lösung von Fragen der Feinmeßtechnik.

Ein Beitrag zur Erfassung der elektronenoptischen Linsendaten konnte durch ein einfaches und genaues Verfahren gegeben werden, mit dem sich insbesondere die Kardinalelemente von asymmetrischen Einzellinsen ermitteln lassen. Auch über den Öffnungsfehler dieser Linsen wurden eingehende Messungen ausgeführt. Aus beiden Untersuchungen ergaben sich Rückschlüsse für die günstigste Aufstellung der Linsen, insbesondere in Geschwindigkeitsspektrographen.

Eine weitere Untersuchung befaßte sich mit dem Einfluß der endlichen Energiebreite im Elektronenstrahlbündel auf die Qualität von elektronenmikroskopischen Aufnahmen und Elektronenbeugungsdiagrammen. Es konnte gezeigt werden, daß in stark fokussierten Elektronenstrahlen eine anomale Energieverteilung vorliegt (Boerscheffekt). Zur Unterdrückung von Elektronen mit mehr als 3 eV Energieabweichung (bei etwa 50 keV Gesamtenergie) wurden nach der Gegenfeldmethode Netzfilter und Filterlinsen gebaut. Sie dienten zu dem Nachweis, daß die Kikuchilinien im Beugungsdiagramm des Glimmers und die diffusen Flecken im Beugungsdiagramm des Anthrazens nicht auf Energieverluste der Elektronen durch Anregung von thermischen Gitterschwingungen zurückzuführen sind.

Nicht nur die Herstellung guter Bauelemente und die Schaffung idealer Verhältnisse im Elektronenstrahl sind für die Erreichung hochauflösender Aufnahmen von Bedeutung; auch die Kenntnis der unter der Einwirkung des Elektronenstrahls in den Präparaten entstehenden Objektschäden ist zur richtigen Deutung dieser Bilder unerläßlich. Nachdem man sich zunächst mit den Möglichkeiten einer Auflösungsbegrenzung durch molekulare Objektänderungen theoretisch befaßt hatte, wurden später die durch die thermische Belastung und die Bedeckung der Präparate im Elektronenstrahl mit Kohlehüllen hervorgerufenen Veränderungen eingehend untersucht. Dabei zeigte sich, daß diese Hüllen unter bestimmten Umständen auf die Präparate eine Schutzwirkung ausüben, in anderen Fällen jedoch eine spezifische Schadensquelle darstellen können. Um die thermischen Schäden von den übrigen getrennt zu erfassen, sind Temperaturversuche im Hochvakuum an dünnen Schichten vorgenommen worden. Hierbei zeigte sich ein oberflächenkatalytischer Einfluß vieler Materialien auf die Restgase im Vakuumgefäß, der zu einer Zersetzung der Kohlenwasserstoffe und zur Anlagerung von Kohle an die dünnen Schichten, ähnlich wie im Elektronenstrahl, führt. Auch die temperaturbedingte Aggregation der Aufdampfschichten zu isolierten Partikeln war Gegenstand einer Untersuchung. Anhand theoretischer Überlegungen konnte gezeigt werden, daß diese Aggregation nichts mit einer „Schmelzpunkterniedrigung kleiner Teilchen" zu tun haben kann.

Versuche über die Grenzen der Schrägbeschattungsmethode haben ergeben, daß eine Legierungsbildung oder Adhäsion zwischen verdampfen-

Abb. 23.   Elektronenmikroskopische Aufnahme (etwa 170 000fach) einer mit Elektronenstrahlen in einer Kollodiumfolie erzeugten Strichzeichnung. Mittlerer Strichabstand 60 nm; Strichdicke 2,5 nm = 0,000 0025 mm

dem Material und Heizfaden sowie die Ausbildung einer Dampfwolke um das verdampfende Material zu einer Vergrößerung der effektiven Verdampfungsquelle und somit zu einer Verringerung der Halbschattenschärfe führen können.

Ein erst kürzlich in Angriff genommenes Thema behandelt die verbesserte Herstellung von Feinstmaßstäben, die als Objektmikrometer für die Elektronenmikroskopie und als Testobjekte zur Bestimmung des Auflösungsvermögens in der Lichtmikroskopie Verwendung finden können. Die Teilungsstriche entstehen durch Einschnürungen einer Kollodiumfolie, die im stark verkleinerten elektronenoptischen Bild eines kleinen Ausgangsmaßstabes durch den Elektronenbeschuß hervorgerufen werden. Die bisher von anderer Seite in Schattenprojektion hergestellten Maßstäbe waren wegen ihrer Verzeichnung noch sehr unvollkommen. Dagegen ergaben die in der PTB mit Gaußscher Abbildung durchgeführten Versuche bei wesentlich höheren Intensitäten unverzerrte Maßstäbe mit Strichstärken bis hinab zu 2 Nanometer (Abb. 23).

2. *Strukturuntersuchungen, Festkörperphysik*

Die Untersuchung der in der Meßtechnik verwendeten Materialien war der PTR schon in der zu ihrer Gründung führenden Denkschrift übertragen worden. Die Tätigkeit erstreckte sich naturgemäß zunächst nur auf das makroskopische Verhalten und verfolgte vor allem praktische Interessen. Später verband sie sich mit theoretischen Fragestellungen über den atomistischen Aufbau der Metalle und Legierungen und führte zu einer steten Folge von Arbeiten auf den verschiedensten Gebieten der Strukturforschung und der Festkörperphysik.

In den dreißiger Jahren befaßten sich eine Reihe von Abhandlungen mit allotropen Umwandlungsvorgängen, die mit einer Raumgitteränderung verbunden sind, vor allem bei Eisen und Kobalt. Durch Messung der Temperaturabhängigkeit z. B. des elektrischen Widerstandes, der Thermokraft, der Wärmeausdehnung, der spezifischen Wärme wurden sowohl die genaue Temperaturlage und die Kinetik der Umwandlung als auch die Wärmetönung am Umwandlungspunkt bestimmt.

Für die Legierungskunde wichtiger als die allotropen Umwandlungen sind die Übergänge von der statistischen zur geordneten Atomverteilung. Diese treten in einer ganzen Reihe von Legierungen, die man früher als Mischkristalle angesehen hatte bei Wärmebehandlung, insbesondere bei langdauerndem Anlassen bei Temperaturen um 400 °C auf und sind von bemerkenswerten Eigenschaftsänderungen begleitet. An der Aufhellung dieser Zusammenhänge hat sich die PTR maßgeblich beteiligt. So wurde Anfang der dreißiger Jahre in dem System Nickel-Mangan die Überstrukturphase Ni_3Mn entdeckt, die das Schulbeispiel eines Überganges aus dem ungeordneten paramagnetischen in den geordneten, stark ferromagnetischen Zustand geblieben ist. In weiteren Untersuchungen gelang es in den Systemen Eisen-Kobalt, Platin-Mangan und Platin-Chrom ebenfalls Ordnungsumwandlungen nachzuweisen. Bei der Wiederaufnahme der Arbeiten nach dem 2. Weltkrieg fanden die Systeme Platin-Eisen, Gold-Mangan und Zinn-Mangan unter besonderer Berücksichtigung der Ordnungsvorgänge und der dabei auftretenden Eigenschaftsänderungen eine Bearbeitung.

Im letzten Jahrzehnt kam man zu der Erkenntnis, daß es auch systematische Abweichungen von der statistischen Atomverteilung gibt, die sich bei relativ niedrigen Temperaturen (zwischen 50 und 200 °C) nur in kleinsten Gitterbereichen einstellen und gewissermaßen Vorstufen von Überstrukturumwandlungen oder heterogenem Zerfall sind. Sie werden als Nahordnungen und Nahentmischungen bezeichnet und sind mitunter die bisher unbekannte Ursache von geringfügigen, aber in der technischen Anwendung doch bemerkbaren Eigenschaftsänderungen, z. B. Alterungserscheinungen vielgebrauchter Materialien. Dem Studium dieser strukturellen Vorgänge wurden mehrere Untersuchungen insbesondere an Nickel-Kupfer (Konstantan), Messing- und Neusilber-Legierungen gewidmet.

Wie leicht ersichtlich, ist bei bestimmten Fragestellungen die röntgenographische Untersuchung von ausschlaggebendem Wert. Dementsprechend wurden die röntgenographischen Präzisionsmethoden zur Bestimmung von Gitterkonstanten verbessert, so daß bei bestimmten Substanzen eine Steigerung der Meßgenauigkeit gegenüber den bisher bekannten Werten um den Faktor 5 und mehr erzielt werden konnte. Besondere röntgenspektroskopische Studien galten dem Einfluß von Texturen auf Linienprofile, dem Nachweis, daß plastische Verformungen die Gesamtintensität der Linien nicht beeinflussen, und vor allem dem Verhalten der Reflexe von Einzelkristalliten in der Nähe des Schmelzpunktes. Hier konnte gezeigt werden, daß sich die Intensität solcher Einzelreflexe beim Überschreiten des Schmelzpunktes nicht sprunghaft ändert, sondern kontinuierlich.

Eine besondere Aufgabe der PTR war seit jeher die Untersuchung von Legierungen mit physikalischen Sondereigenschaften. Sie ist es bis heute geblieben. Bei Werkstoffen für Präzisionswiderstände, bei denen die Erzielung immer geringerer Temperaturkoeffizienten und besserer zeitlicher Stabilität von großer technischer Bedeutung ist, wurde insbesondere die Alterungsbehandlung auf eine sichere Grundlage gestellt. Die wissenschaftliche Seite der Arbeiten betraf vorwiegend das Zustandekommen verschiedener Widerstands-Temperaturkurven bei den Legierungen der Übergangsmetalle, z. B. Silber-Mangan oder Gold-Chrom. Der allgemeinen Entwicklung folgend konzentrieren sich jüngste Forschungen auf eine eingehende Analyse des Leitungsmechanismus mit Hilfe von ergänzenden Messungen, z. B. der Hallkonstanten und des Restwiderstandes.

Bei systematischen Untersuchungen des Ausdehnungsverhaltens von Legierungen wurde festgestellt, daß nicht nur in den schon seit Jahrzehnten bekannten Nickel-Eisen-Invaren, sondern auch im System Eisen-Platin ein schmaler Legierungsbereich auftritt, in dem die Legierungen verschwindende, zum Teil sogar stark negative Ausdehnungskoeffizienten bis $20 \cdot 10^{-6}$ aufweisen. Durch strukturelle Studien wurde ermittelt, daß die geringen Unterschiede der Ausdehnungskoeffizienten bei verschiedener Wärmebehandlung mit der Bildung oder Beseitigung einer Überstruktur zusammenhängen. Gleiche Verhältnisse gelten wahrscheinlich auch für die Nickel-Invarstähle. Vor kurzem konnte schließlich ein Gebiet verschwindender Ausdehnung auch für Eisen-Palladium-Legierungen nachgewiesen werden.

Eingehende Experimente in der PTB über das optische und elektrische Verhalten an aufgedampften Metallschichten von wenigen Atomlagen Dicke gaben Hinweise auf die Art der Schichtausbildung, insbesondere auf den Beginn des Entstehens zusammenhängender Schichten beim Zunehmen der Schichtdicke. Die Begrenzung der Elektronenwege infolge der geringen Dicke der Schichten führt dabei zu Änderungen der optischen und elektrischen Werte des Metalles und zu Besonderheiten, die theoretisch gedeutet werden konnten. Die dem Wert nach jeweils größere der beiden optischen Konstanten: Brechungsindex n und Absorptionskonstante k läßt sich aus der wenig strukturabhängigen Dielektrizitätskonstante des Metalles berechnen; die so erhaltenen Werte stimmten mit den gemessenen überein. Die kleinere optische Konstante hängt mit dem sehr viel labileren Wert der wirksamen Leitfähigkeit zusammen. Da bei dünnen Schichten die Elektronenwege fast nur durch die äußere Begrenzung und kaum durch Gitterstörungen bestimmt sind, ergibt sich hier auch für die Leitfähigkeit der zu erwartende Wert.

In den letzten Jahren ist mit Strukturuntersuchungen an Germanium begonnen worden, wobei man die technisch wichtige Frage der Versetzungsdichte und ihre Abhängigkeit von der Wärmebehandlung in Angriff nahm. Wegen seiner Einfachheit wurde zum Nachweis der Versetzungen das Anätzverfahren gewählt, bei dem die Durchstoßpunkte der Versetzungslinien als Ätzgruben auf der Oberfläche sichtbar gemacht werden können. Gemessen wird auf diese Weise insbesondere der zeitliche Verlauf der Ausheilung, wobei sich mehrere Prozesse mit unterschiedlichen Zeitkonstanten ergeben. Weiter wurde die Diffusion von Donatoren und Akzeptoren — mit As und Sb als Störatomen — in das Innere des Halbleiters aus der Änderung seiner Leitfähigkeit beim Abtragen der Oberflächenschichten messend verfolgt.

Da sich die Gitterkonstante eines Festkörpers bei hohen hydrostatischen Drucken merklich ändert, kann man aus der Druckabhängigkeit der elektrischen Eigenschaften Informationen über die Energiebänderstruktur erhalten, die auf andere Weise nicht zu gewinnen sind. Driftbeweglichkeitsmessungen an n- und p-Germanium bei Drucken bis zu 14 000 kp/cm² ergaben ein grundsätzlich unterschiedliches Verhalten für

Elektronen und Defektelektronen, das theoretisch gedeutet werden konnte. Dazu mußte die Druckabhängigkeit der elastischen Konstanten bekannt sein. Sie konnte mit einem Echo-Impuls-Ultraschallverfahren bestimmt werden, das die Geschwindigkeit von Longitudinal- und Schubwellen in Vorzugsrichtungen eines Germanium-Einkristalls präzise zu messen gestattete. Gleichzeitig wurde die Kompressibilität von Germanium als Funktion des Druckes mit hoher Genauigkeit ermittelt. Durch Messungen des elektrischen Widerstandes an verschieden dotierten Kristallen unter Druck ließ sich der Druckkoeffizient der verbotenen Zone von Germanium bei Zimmertemperatur bestimmen.

Über weitere Untersuchungen auf dem Festkörpergebiet vgl. Kap. VII, C 3, C 6 und D 4.

3. Exoelektronen

Schon Ende der zwanziger Jahre hatte *H. Geiger* die Beobachtung gemacht, daß neu hergestellte Zählrohre einen verhälnismäßig großen Nulleffekt zeigen, der nach einiger Zeit auf den Normalwert abklingt oder durch geeignete Behandlung des Zählrohrs rascher auf diesen Wert gebracht werden kann. Seit 1939 wurde diese Erscheinung, für die es noch keine Erklärung gab, von *J. Kramer* in der PTR näher untersucht. Er beobachtete zunächst, daß bei Metalloberflächen als Folge mechanischer Bearbeitung oder exothermer Prozesse eine Elektronenemission hervorgerufen wird, die, wie sich später zeigte, keine Eigenschaft des reinen Metalls sondern der nichtmetallischen Oberflächenschichten oder Beimengungen ist.

In den Jahren nach 1947 fand *Kramer* an der PTB die weit größere Elektronenemission bei bestimmten Nichtmetallen (Kristallen) nach mechanischer Bearbeitung oder Bestrahlung sowie zahlreiche bisher nicht bekannte Erscheinungen (s. u.), die ihn 1954 zu dem Schluß führten, daß ein enger Zusammenhang zwischen der Lumineszenz und der Emission langsamer Elektronen aus nichtmetallischen Oberflächen besteht. Damit schuf er die Grundlage für das neue physikalische Arbeitsgebiet der sog. „Exoelektronen" — diese Bezeichnung für die „kalte" Elektronenemission wurde 1949 von *Kösters* geprägt —, mit dem sich heute viele Forschungslaboratorien befassen und das bereits einige praktische Anwendungen gefunden hat. Der Vorgang der Exoelektronenemission wird seit 1956 auch als „Kramereffekt" bezeichnet.

Wie schon die ersten Versuche an der PTB zeigten, können nichtmetallische Oberflächen außer durch mechanische Bearbeitung (Zerkleinerung) auch durch Bestrahlung mit kurzwelligem Licht, Röntgenstrahlen, γ-

Strahlen, α- oder β-Teilchen zur Emission von Exoelektronen angeregt werden. Diese spontan einsetzende Emission klingt bei konstanter Temperatur etwa in derselben Weise ab wie die Lumineszenz. Danach verbleiben noch angeregte Zustände, die bei Temperaturerhöhung oder bei Bestrahlung mit sichtbarem oder infrarotem Licht zu einer Emission von Exoelektronen führen können (stimulierte Emission). Auch dieser Vorgang entspricht den Verhältnissen bei der Lumineszenz (Thermolumineszenz, Ausleuchtung). Allgemein wurde gefunden, daß alle Prozesse, die Lumineszenz hervorrufen, auch eine Exoelektronenemission bewirken können. Beispielsweise entspricht der Emission nach mechanischer Bearbeitung die Tribolumineszenz, der nach Bestrahlung die Radiolumineszenz.

Die spontane und die stimulierte Emission von Exoelektronen wurden bei Temperaturen zwischen 80 und 700 °K untersucht. Erwärmungskurven zeigten bei allen Substanzen, die zur Exoelektronenemission befähigt sind, bei bestimmten Temperaturen charakteristische Maxima, die durch die verschiedenen Energieniveaus der Haftstellen zu erklären sind. Bei Alkalihalogeniden ergab sich ein systematischer Zusammenhang zwischen der Höhe oder Temperaturlage der Emissionsmaxima und der Stellung der Alkalimetalle oder der Halogenide im periodischen System. Gleichzeitig wurde gefunden, daß bei vorheriger Röntgenbestrahlung die Emission der Proben durch anschließende Belichtung um so größer ist, je tiefer die Temperatur liegt. Wegen der geringen Stimulierungsenergie in tiefen Temperaturen kann eine Emission von Exoelektronen schon durch langwelliges Infrarot oder durch geringe thermische Energiezufuhr hervorgerufen werden.

Eine praktische Anwendung der Exoelektronen besteht z. B. in der Verfolgung von Zerkleinerungsvorgängen. Bei bestimmten Substanzen läßt sich die Bildung neuer Oberflächen und damit die Wirksamkeit des Mahlvorgangs beobachten. Auch Veränderungen der Störstellenkonzentration an Festkörperoberflächen durch chemische Prozesse z. B. durch Hydratation, Dehydratation, Oxydation oder Dissoziation können mit Exoelektronen nach Röntgenbestrahlung messend verfolgt werden. Ihre Anwendung für die Untersuchung von Katalysatoren und Oberflächenreaktionen hat bereits in Industrielaboratorien Eingang gefunden. Die Vermutung, das zwischen der Silikose und der Emission von Exoelektronen ein Zusammenhang besteht, konnte durch neuere Untersuchungen gestützt werden. Erfolgversprechende Experimente wurden angestellt, um die Exoelektronenemission zur Messung der Intensität ionisierender Strahlen zu benutzen. Schließlich sei noch auf die Möglichkeit hingewiesen, in der Oberflächenschicht vieler Substanzen, z. B. von Gips, Ziegelstein, durch Röntgenbestrahlung ein latentes Bild herzustellen, das noch nach langer Zeit durch die mit einem Spitzenzähler aufgenommene stimulierte Exoelektronenemission beim zeilenförmigen Abtasten der Fläche mit einem Lichtpunkt „sichtbar" gemacht werden kann (Abb. 24).

Abb. 24.   Röntgen-Schattenbild eines Zahnrades auf einer Gipsplatte, sichtbar gemacht mit Hilfe der optisch stimulierten Exoelektronenemission

Der Spitzenzähler bringt über einen Verstärker eine Glimmlampe zum Aufleuchten, die ihrerseits zeilenweise entsprechende Stellen eines photographischen Papiers belichtet.

1. Massenspektrometrie

In der Massenspektrometrie sind in jüngster Zeit neben der rein analytischen Fragestellung (Isotopenanalyse, Gas- und Festkörperanalyse) wieder mehr die Fragen nach den grundlegenden Eigenschaften (Struktur, Energetik, Reaktionskinetik) ionisierter Teilchen in den Vordergrund getreten. Auch in dem Laboratorium für Massenspektrometrie, das im Jahre 1955 in der PTB eingerichtet wurde und einerseits über die Grundlagen der massenspektrometrischen Analyse arbeiten, zum anderen aber auch für diese Analysen selbst zur Verfügung stehen sollte, ergaben sich an zwei Punkten Fragestellungen, deren Verfolgung weit über die ursprünglich rein meßtechnischen Probleme hinausführte.

Im Hinblick auf die für jegliche Analyse wesentliche Stabilität der Massenspektren war verschiedentlich der Verdacht geäußert worden, daß die relativen Intensitäten von Bruchstückionen, die außer der thermischen Translationsenergie bei ihrer Bildung durch einen Ionisations-Dissoziations-Prozeß zusätzlich eine merkliche kinetische Energie, unter Umständen einige Elektronvolt, erhalten, stärkeren Schwankungen unterworfen seien als die von Ionen mit geringer Anfangsenergie. Über die Möglichkeit hinaus, Anfangsenergie und mittlere Schwankung der Relativintensität miteinander in Beziehung zu setzen, sollte die Kenntnis der Anfangsenergie Einblick in den Zerfallsmechanismus angeregter Molekülionen vermitteln.

Zur qualitativen Bestimmung der Anfangsenergie wurde zunächst ein einfaches Verfahren entwickelt, bei dem man die verschiedenen Ionenströme in Abhängigkeit von einer bestimmten Betriebsspannung mißt. Die Form der so gewonnenen Kennlinien ist sehr empfindlich gegen Änderungen der Anfangsenergie der betreffenden Ionen. Durch die Weiterentwicklung einer bereits früher von verschiedenen Autoren vorgeschlagenen Ablenkmethode war es möglich, die Verteilungsfunktion der Anfangsenergie für ein bestimmtes Ion direkt registrierend zu messen. Bei kleinen Anfangsenergien (z. B. thermischen) lassen sich dabei noch Einzelheiten in der Größenordnung einiger Tausendstel Elektronvolt unterscheiden. Systematische Untersuchungen an Bruchstückionen einfacher Kohlenwasserstoffe brachten nun eine ganz auffällige Gesetzmäßigkeit zum Vorschein: Die Anfangsenergie ist im Mittel um so größer, je mehr (C-H)-Bindungen zur Bildung des betreffenden Ions aufbrechen müssen. Man kann dieses Ansteigen gut verstehen, wenn man Bruchstückionen allgemein als das Ergebnis mehrerer, zeitlich nacheinander ablaufender Reaktionsstufen auffaßt. Bei jeder einzelnen Stufe wird ein gewisser Betrag an kinetischer Energie frei, der die kinetische Energie des Restions im Mittel bei jedem Zerfallsschritt etwas ansteigen läßt.

Weitere Untersuchungen waren Sekundärreaktionen gewidmet. Erhöht man bei massenspektrometrischen Reinheitsprüfungen den Druck immer weiter, um immer geringere Verunreinigungen noch nachweisen zu können, so findet man unter Umständen auch Ionen mit Massen oberhalb des Molekulargewichtes der zu prüfenden Substanz, ohne die beobachteten Relativintensitäten jedoch mit den Spektren irgendwelcher bekannter Substanzen zur Deckung bringen zu können. Das Ansteigen dieser Ionenströme mit dem Quadrat des Druckes — normalerweise sind die im Massenspektrometer beobachteten Ionenströme dem Druck proportional — weist darauf hin, daß es sich bei derartigen Ionen gar nicht um Bruchstücke von Verunreinigungen handelt, sondern um Produkte von Reaktionen zwischen Ionen und Molekülen (Ionen-Molekül-Reaktionen) oder zwischen angeregten Molekülen (Atomen) und neutralen Teilchen im Grundzustand (Neutralreaktion). Diese Reaktionen finden heute ein starkes Interesse, da sie auch beim Durchgang ionisierender Strahlung durch gasförmige Materie ablaufen (Strahlenchemie).

In der PTB wurden hauptsächlich Reaktionen einfacher Kohlenwasserstoffionen mit ihren eigenen Muttermolekülen untersucht sowie Reaktionen, an denen Edelgasatome oder -ionen beteiligt sind. Zusätzlich zu den bereits länger bekannten homonuklearen Edelgas-Molekülionen wie He_2^+, Ne_2^+, A_2^+ konnte die Existenz heteronuklearer Ionen wie NeA^+, AKr^+, $KrXe^+$, AXe^+, $NeXe^+$, $NeKr^+$ u. a. nachgewiesen und ihr Bildungsprozeß aufgeklärt werden. In allen dabei untersuchten Fällen läßt sich die Bildung von Edelgas-Molekülionen durch die Annahme beschreiben, daß ein angeregtes neutrales Edelgasatom mit einem neutralen Edelgasatom im Grundzustand (Neutralreaktion) zusammenstößt, wobei es unter Abspaltung eines Elektrons zur Bildung eines Edelgas-Molekülions kommt. Bei Untersuchungen an Edelgas-Wasserstoff-Ionen gelang es, aus den Auftrittspotentialen von HeH^+ und NeH^+ die Protonenaffinität des jeweiligen Edelgases zu bestimmen. Von besonderem Interesse ist das Ergebnis für He, da das System HeH^+ noch relativ einfach und damit einer quantenmechanischen Berechnung zugänglich ist.

5. *Kernkonstanten, Kernreaktionen*

Die Aufnahme der Prüfungen an Radiumpräparaten im Jahre 1910 in der PTR war der Ausgangspunkt für die Entwicklung neuer kernphysikalischer Meßmethoden und für zahlreiche Untersuchungen über die Eigenschaften radioaktiver Stoffe und der von ihnen emittierten Strahlungen. So wurden Messungen über die spezifische Aktivität des Radiums, die Zerfallskonstante der Radiumemanation und die Reichweiten von Alphastrahlen ausgeführt, deren Ergebnisse viele Jahre als Standardwerte galten.

Unter den meßtechnischen Entwicklungen sind besonders zwei zu nennen, die eine weltweite Bedeutung erlangt haben, nämlich die Erfindung des Spitzenzählers durch *H. Geiger* (1913) und der Koinzidenzmethode durch *W. Bothe*. Mit Hilfe der Koinzidenzmethode bewiesen *Bothe* und *Geiger* (1924), daß der Energiesatz beim *Compton*-Effekt und bei der Photoabsorption für den einzelnen Elementarprozeß gilt und nicht — wie nach einer damaligen Hypothese — nur im statistischen Mittel. Ferner konnten *W. Bothe* und *W. Kohlhörster* mit dieser Methode den korpuskularen Charakter der durchdringenden Komponente der Höhenstrahlung nachweisen.

Weitere Untersuchungen in der PTR beschäftigten sich mit der Streuung von Betastrahlen sowie mit der Richtungsverteilung der durch Röntgen- und Gammastrahlen ausgelösten Sekundärelektronen, wobei es *W. Bothe* gelang, eine neuartige Strahlung zu beobachten, die aus Elektronen kurzer Reichweite bestand, den Rückstoßelektronen bei dem wenig später von *A. H. Compton* gefundenen und nach ihm benannten Effekt. Während diese Arbeit die Wechselwirkung ionisierender Strahlung mit der Atomhülle zum Gegenstand hatte, wandte sich das Interesse später mehr den Reaktionen mit dem Atomkern zu. Nach Einführung elektronischer Verstärker in Verbindung mit einem Proportionalzähler bestimmten *W. Bothe* und *H. Fränz* Ausbeuten und Reichweiten der Reaktionsprodukte für die durch Alphateilchen erzwungenen Kernumwandlungen mehrerer Nuklide. An Bor konnte dabei erstmalig beobachtet werden, daß die als Folge einer Kernreaktion ausgesandten Protonen aus Gruppen mit diskreten Energien bestehen, und daß für jeden einzelnen Umwandlungsprozeß der Impulssatz gilt. Wenig später gelang es *Bothe* und *Becker*, viele Atomkernarten durch Beschuß mit Alphateilchen zur Emission von Gammastrahlungen anzuregen. Die weitere Verfolgung dieser Beobachtung hat dann zur Entdeckung des Neutrons durch *J. Chadwick* (1933) geführt. An einer Kernreaktion, die durch Neutronen ausgelöst wird, nämlich der Reaktion $^{10}B(n, \alpha)^{7}Li$, wurden während des 2. Weltkrieges in der PTR die Energien der beiden dabei emittierten Alphateilchengruppen bestimmt.

Zur Untersuchung von Kernreaktionen, die durch Protonen oder Deuteronen ausgelöst werden, war schon vor dem 2. Weltkrieg in der PTR mit der Entwicklung von Ionenbeschleunigern begonnen worden. Die bereits fertiggestellten Geräte gingen jedoch bei Kriegsende verloren. Erst 1955 konnte in der PTB ein neuer Ionenbeschleuniger aufgestellt werden, der mit Hilfe einer Kaskadenschaltung eine Beschleunigungsspannung von 700 kV bei einem Ionenstrom bis 1 mA zu erzeugen gestattet. Die Einsatzmöglichkeiten dieses Beschleunigers für das Studium von Kernreaktionen wurden 1958 durch den zusätzlichen Einbau einer Hochspannungsstabilisierung wesentlich erweitert. Die danach noch verbleibenden Schwankungen liegen bei $1 \cdot 10^{-4}$ der Beschleunigungsspannung. Das so erzielte hohe energetische Auflösungsvermögen, das diese Apparatur vor anderen ähnlichen auszeichnet, ist in der Folgezeit für Messungen an Kernreaktionen ausgenutzt worden, bei denen ein schnelles Proton in den Auffängerkern eindringt und darin stecken bleibt, während die Anregungsenergie des auf diese Weise gebildeten Zwischenkerns als energiereiches Photon (Gammastrahlung) abgegeben wird. Derartige Prozesse besitzen im allgemeinen bei bestimmten Protonenenergien, die

Abb. 25.   700 kV-Kaskadengenerator zur Ionenbeschleunigung

für den entstehenden Zwischenkern charakteristisch sind, eine ausgeprägte Resonanz. Bei Untersuchungen der Ausbeute der Protoneneinfangreaktionen an Natrium, Magnesium, Phosphor und Chlor in Abhängigkeit von der Protonenenergie konnten zahlreiche bereits bekannte Resonanzenergien mit erhöhter Genauigkeit gemessen und einige neue Resonanzen festgestellt werden. Um die Reaktionen eindeutig zuordnen

zu können, mußten beim Chlor Auffänger benutzt werden, in denen
jeweils eines der Isotope angereichert war.

Außer der Lage der Resonanzen konnten auch obere Grenzen für ihre
Halbwertsbreite und damit nach der Heisenbergschen Unschärferelation
untere Grenzen für die mittlere Lebensdauer der bei der Reaktion gebildeten Energieniveaus der Zwischenkerne ermittelt werden. Daraus ließen sich
schließlich mit Hilfe theoretischer Betrachtungen in einer Reihe von Fällen
Aussagen über die möglichen Spinzustände dieser Energieniveaus
machen. Untersuchungen über die Spektren der emittierten Gammastrahlungen und über ihre Winkelverteilung sowie über die bei einigen
Reaktionen emittierten Alphateilchen sollen die Kenntnisse über die beteiligten angeregten Energiezustände vervollständigen. Um die Lebens-
dauern angeregter Kernzustände zu ermitteln, wurde schließlich eine
elektronische Anordnung entwickelt, die es gestattet, Zeitintervalle bis
herab zu 10^{-10} s zu messen.

6. Standards für ionisierende Strahlungen

a) Radioaktive Standardpräparate

Unter den zu Beginn des Jahrhunderts allein bekannten natürlichen
radioaktiven Stoffen nahm das Radium infolge seiner zunehmenden Anwendung in der Medizin bald eine hervorragende Stellung ein. Die an die
PTR gestellten Anträge auf Prüfung von radioaktiven Präparaten führten im Jahre 1912 zur Gründung des Laboratoriums für Radioaktivität
unter der Leitung von *H. Geiger.*

Der Ra-Gehalt von Radiumpräparaten wurde damals durch Vergleich der
Gammastrahlung mit einem sekundären Radium-Standard von 19,73 mg
Radiumchlorid gemessen, der im Jahre 1912 durch Messungen in Paris
und Wien an den internationalen primären Radium-Standard angeschlossen worden war. Im Laufe der Zeit sind an diesen Standard in der PTR
11 weitere Standards angeschlossen worden, bis im Jahre 1935 einer der
Pamals von *Hönigschmid* durch Wägung bestimmten Primär-Standards
von 19,19 mg $RaCl_2$ beschafft werden konnte, auf den die übrigen Standards dann bezogen wurden.

Nach dem 2. Weltkrieg waren der primäre und die sekundären Radium-
Standards der PTR bis zur Rückgabe im Jahre 1949 in den Händen der
Besatzungsmächte. Die alten Meßeinrichtungen waren durch die Kriegs-
folgen verloren gegangen, so daß das Laboratorium in Braunschweig
völlig neu eingerichtet, die wichtigsten Meßgeräte beschafft oder selbst

gefertigt werden mußten. Als Standards dienten hierbei zunächst Radiumpräparate, die vor dem Kriege von der PTR für eine Braunschweiger Firma als Werkstandards geprüft worden waren. Nach der Rückgabe der alten Standards konnten dann im Jahre 1950 bereits mehrere neuseeländische Radium-Standards an die der PTB angeschlossen werden. Im Rahmen von internationalen Vergleichen der verschiedenen primären Hönigschmidschen Standards wurde der deutsche Standard in den Jahren 1955/56 mit dem kanadischen und mit den beiden amerikanischen Standards verglichen. Mit Ausnahme des russischen Standards, dessen Anschluß nachgeholt werden soll, ist jetzt ein abgeglichener Satz primärer Radium-Standards in der Welt vorhanden.

Als Grundlage für die Messungen kleinster Radium- und Emanationsmengen mit der hochempfindlichen Emanationsmethode sind seit dem Jahre 1921 Normalradiumlösungen mit einem Gehalt von $4 \cdot 10^{-6}$ mg Radiumelement hergestellt und an Interessenten abgegeben worden. Bei der Herstellung der Mutterlösung bot sich die Gelegenheit, die Zerfallskonstante des Radon sehr genau zu bestimmen.

Während für das Radium wegen seiner großen Halbwertszeit von 1600 Jahren praktische permanente Standards geschaffen werden konnten, erforderte die nach dem 2. Weltkrieg ständig steigende Anwendung von meist kurzlebigen radioaktiven Stoffen in Medizin, Physik, Chemie und Technik völlig andere Methoden. Der kriegsbedingte Rückstand auf diesem Gebiet konnte durch systematische Untersuchungen der Methoden zur Absolutmessung der Aktivität (4 π-Zähler, Koinzidenzmethode) sowie über die Technologie bei der Herstellung und Präparation der erforderlichen Lösungen radioaktiver Stoffe bald aufgeholt werden. Von den in Medizin und Forschung häufig angewendeten kurzlebigen Radionukliden ^{131}J, ^{32}P und ^{198}Au werden jetzt in regelmäßigen Zeitabständen Standardlösungen genau bekannter spezifischer Aktivität hergestellt und an Interessenten abgegeben, während Standardlösungen der wichtigsten langlebigen Radionuklide — ^{60}Co, ^{137}Cs und ^{90}Sr + ^{90}Y — vorrätig sind und jederzeit bezogen werden können. Bei zahlreichen internationalen Vergleichsmessungen, an denen in letzter Zeit bis zu 17 Ländern teilnahmen, zeigten die PTB-Messungen stets gute Übereinstimmung mit den Mittelwerten.

b) Neutronenstandards

Mit der Entdeckung der Uranspaltung und dem sprunghaft ansteigenden Interesse an der Neutronenphysik wurden schon in der PTR Messungen an Neutronen in das Arbeitsprogramm aufgenommen. Man war damals zunächst bemüht, die Neutronenausbeute einer Ra-α-Be-Neutronenquelle zu bestimmen und im Zusammenhang damit die räumliche Neutronenverteilung um eine Punktquelle in einem streuenden Medium zu messen.

Diese Untersuchungen konnten erst im Jahre 1956 in der PTB wieder aufgenommen werden, nachdem ein neues Ra-α-Be-Präparat zur Verfügung stand. Durch Ausmessen der Neutronendichteverteilung in einem die Quelle allseitig umgebenden Wasservolumen wurde die Quellstärke dieses „Neutronenquellen-Standards" mit einem mittleren Fehler von ± 2 % bestimmt. Ein anschließender Vergleich mit Standardquellen des In- und Auslandes nach verschiedenen Meßverfahren ergab eine überraschend gute Übereinstimmung der Absolutwerte. Das Schwergewicht der weiteren Arbeiten liegt in der Ausarbeitung und Entwicklung genauerer Methoden für die Absolutbestimmung der Dichte langsamer Neutronen. In Zusammenarbeit mit dem „Arbeitsausschuß Deutscher Reaktorstationen" ist damit begonnen worden, die Flußdichtemessungen, die mit der Methode der Aktivierung von Goldfolien an den Reaktoren der Bundesrepublik ausgeführt werden, zu koordinieren und an die Absolutmessungen der PTB anzuschließen. Ein erster Neutronenflußdichte-Standard, d. h. ein Neutronenfeld, in dem die Dichte thermischer Neutronen über einen größeren räumlichen Bereich konstant und genau bekannt ist, wurde aufgebaut.

c) Dosimetrische Standardmethoden
für Röntgen-, Gamma- und Neutronenstrahlen

Die Forderung der Mediziner nach exakten Meßmethoden zur Ermittlung der in der Röntgentherapie angewendeten Dosen führte im Jahre 1925 zur Gründung des Röntgenlaboratoriums unter der Leitung von *H. Behnken*. Er hatte bereits seit 1919 an der Entwicklung einer auf der Luftionisation beruhenden Meßmethode in der PTR gearbeitet und dafür eine spezielle Ionisationskammer gebaut. Diese Standardkammer, in Form der auf *H. Holthusen* zurückgehenden sogenannten Faßkammer, bildete die Grundlage für die Definition der Einheit „Röntgen" (r), die im Jahre 1924 von der Deutschen Röntgengesellschaft und im Jahre 1928 auf dem II. Internationalen Röntgenkongreß in Stockholm angenommen wurde. Dabei hat man allerdings versäumt, eine exakte Definition der in dieser Einheit zu messenden Größe, der „Dosis", zu geben. Das hat zu begrifflichen Schwierigkeiten geführt, die besonders in den letzten Jahren wieder lebhafte internationale Diskussionen ausgelöst haben, ohne daß man bis jetzt zu einer Übereinstimmung gelangt ist.

Eine wesentliche Aufgabe der PTB ist es, Standard-Geräte zur Darstellung der Einheit r und zu ihrer Übertragung auf sekundäre Standards oder unmittelbar auf die in der Medizin und zu Strahlenschutzmessungen verwendeten Dosimeter für den praktisch interessierenden Energie- und Intensitätsbereich der Röntgen- und Gammastrahlen zu schaffen. Die erste Anlage dieser Art, die in der Hauptsache aus einem Röntgenstrahlenerzeuger und einer Standard-Ionisationskammer besteht, überdeckte den für die medizinischen Anwendungen wichtigsten Bereich zwischen 50 und 200 kV sowie die bei der Therapie in diesem Bereich üblichen Dosisleistungen. Später kamen Anlagen für weiche Röntgenstrahlen bis herab zu 8 kV und für die bei der Hauttherapie verwendeten hohen Dosisleistungen sowie für harte Strahlen bis zu 1000 kV hinzu.

Nach dem Verlust dieser Einrichtungen am Ende des 2. Weltkrieges leistete zunächst das Max-Planck-Institut für Biophysik (*B. Rajewsky*) wertvolle Hilfe, indem es Arbeitsmöglichkeiten und Mittel zum Aufbau einer neuen Standardanlage für Dosimetrie in seiner Außenstelle Ockstadt zur Verfügung stellte. Hier konnten auch bereits erste internationale Anschlußmessungen vorgenommen werden. Ferner führte die Zusammenarbeit von Wissenschaftlern dieses Instituts und der PTB im Jahre 1955 zur gemeinsamen Herausgabe des Buches „Darstellung, Wahrung und Übertragung der Einheit der Dosis für Röntgen- und Gammastrahlen mit Quantenenergien zwischen 3 keV und 500 keV, Richtlinien zur Standard-Dosimetrie", das in vielen internationalen Standardlaboratorien Beachtung fand. Seit 1954 steht auch in Braunschweig wieder eine Standardionisationskammer für den Röntgenstrahlenbereich von 50 bis 400 kV, zunächst mit einer 200-kV-, später mit einer 400-kV-Röntgenanlage zur Verfügung. In den folgenden Jahren ist diese Einrichtung durch zwei weitere Standardanlagen mit Parallelplattenkammern für die Bereiche 5 bis 50 kV und 10 bis 130 kV ergänzt worden. Gleichzeitig wurde auch das elektrometrische Meßverfahren durch Entwicklung einer halbautomatischen Kompensationsmeßmethode verbessert. Für höhere Quantenenergien dienen ^{137}Cs-, ^{60}Co- und Radiumpräparate als Strahlenquellen. Die Dosisleistungen in bestimmten Abständen von den Präparaten sind mit weitgehend energieunabhängigen, an der Röntgenstrahlen-Standardanlage kalibrierten Kleinkammern gemessen und beim Radium auch aus der bekannten Dosiskonstante und dem Radiumgehalt des Präparats berechnet worden.

Veranlaßt durch gewisse Abweichungen zwischen den Dosimeterprüfungen in einigen Staatsinstituten, die sich in den Nachkriegsjahren gezeigt hatten, hat das National Bureau of Standards (NBS) auf Anregung der

Internationalen Kommission für radiologische Einheiten und Messungen
(ICRU) transportable Kleinkammern hergestellt und an Staatsinstitute
und andere Institute, die dosimetrische Standardanlagen besitzen, ver-

Abb. 26.   Elektronenmikrotron für 5 MeV

schickt. Zwischen den Standardkammern der PTB und des NBS ergab
sich völlige Übereinstimmung innerhalb der Fehlergrenzen von ± 1 %.
Vor kurzem hat das Bureau International des Poids et Mesures in Sèvres
auf Grund der Beschlüsse der XI. Generalkonferenz der Meterkonvention die Federführung bei diesen Vergleichsmessungen übernommen.

Seit einiger Zeit sieht sich die PTB vor die Aufgabe gestellt, Einrichtungen und Verfahren für eine Standarddosimetrie für Elektronen- und

Röntgenstrahlen mit Energien bis etwa 50 MeV zu schaffen, deren Anwendung in der Medizin sowie in Wissenschaft und Technik immer mehr zugenommen hat. Für den Bereich bis 5 MeV ist als Strahlenquelle ein Mikrotron (Abb. 26) gebaut worden, das mit kalter Elektronenemission einen Strom von etwa $5 \cdot 10^{-8}$ A liefert, der sich aber durch eine Elektroneneinschuß-Vorrichtung um mehrere Größenordnungen steigern läßt. Für höhere Energien ist ein 100-MeV-Synchrotron im Bau. Kleinkammern, die für die Dosimetrie der energiereichen Strahlen dienen sollen, werden zunächst bei niedrigen Energien erprobt. Ähnliche Kammern sind auch für die Dosimetrie von β-Strahlen, z. B. an medizinischen Strontium-90-Applikatoren, entwickelt worden.

Veranlaßt durch die Forderung nach Strahlenschutzmessungen bei der Verwendung von Neutronenquellen und insbesondere von Zyklotrons in der Kernphysik wurde bereits kurz vor dem 2. Weltkrieg mit ersten Untersuchungen zur Neutronendosimetrie begonnen. Eine grundsätzliche Schwierigkeit bei der Dosimetrie von Neutronenstrahlen liegt darin, daß in der Regel außer den Neutronen intensive Röntgen- oder Gammastrahlen vorhanden sind, die eine andere biologische Wirksamkeit haben. Daher sind für beide Strahlenarten unabhängige Messungen erforderlich. Man versuchte zunächst, dieses Problem mit einer Doppelionisationskammer zu lösen, deren eine Hälfte für beide Strahlenarten empfindlich war, während die andere nur die Gammastrahlen anzeigte. Dieses Verfahren führte jedoch nur zu relativen Werten.

Als erste Standardkammer zur absoluten Dosimetrie schneller Neutronen wurde in den Jahren 1957/58 in Anlehnung an amerikanische Arbeiten ein mit Äthylen gefülltes Proportionalzählrohr mit Polyäthylenwänden entwickelt, das für Gammastrahlen in weiten Grenzen unempfindlich ist. Die Kammer zeigt nach einer Kalibrierung mit α-Strahlen bekannter Energie nur die Energiedosis der Neutronen in Äthylen an, die der Dosis im Körpergewebe nahezu gleich ist. Die Summe von Neutronen- und Gammastrahlendosis kann bestimmt werden, wenn dieselbe Kammer nicht als Proportionalzählrohr, sondern als Ionisationskammer verwendet wird. Damit ist ein erster Schritt zur Lösung der vielen in der Neutronendosimetrie noch offenen Fragen getan.

7. *Strahlenschutz*

Der Begriff Strahlenschutz taucht erstmals im Tätigkeitsbericht der PTR des Jahres 1926 auf, und zwar findet sich dort eine Angabe über die Prüfung von 10 Röntgenstrahlen-Schutzstoffen. Zwei Jahre später wurden die ersten Messungen der Störstrahlung an „Strahlenschutzröhren" (frühere Bezeichnung für Röntgenröhren mit Strahlenschutzgehäuse) mit einem an der PTR entwickelten empfindlichen Dosimeter vorgenommen. Mit der zunehmenden Anwendung ionisierender Strahlen in Medizin und Technik erhob sich immer dringender die Forderung nach einem wirksamen Strahlenschutz für die beteiligten Arbeitskräfte.

a) Röntgenanlagen

Vom Jahre 1933 an führte die PTR die ersten Bauartprüfungen an Röntgenröhren und Röhrenhauben aus, die der Sicherung eines ausreichenden Strahlenschutzes dienten. Es dauerte jedoch bis zum Jahre 1941 bis die „Verordnung zum Schutze gegen Schädigungen durch Röntgenstrahlen und radioaktive Stoffe in nichtmedizinischen Betrieben" (Röntgenverordnung) in Kraft trat, die in enger Zusammenarbeit mit der PTR entstanden war. Die in der Verordnung angekündigte Bekanntgabe der Bedingungen für die Bauartprüfung verzögerte sich infolge des 2. Weltkrieges erheblich; sie konnte nach langwierigen Verhandlungen erst im Jahre 1954 durch die PTB erfolgen. Auf der Röntgenverordnung fußen die späteren Bauartzulassungen von Röntgenröhren und Röhrenhauben für nichtmedizinische Zwecke sowie die Strahlenschutzmessungen an Röntgenanlagen in nichtmedizinischen Betrieben.

Für den Bereich der medizinischen Anwendung von Röntgenstrahlen besteht noch keine gesetzliche Regelung; jedoch konnten im Jahre 1955 mit der zuständigen Fachabteilung im Zentralverband der Elektrotechnischen Industrie Mindestanforderungen an den Strahlenschutz medizinischer Röntgenröhren und Röhrenschutzgehäuse festgelegt werden, die mit den Empfehlungen der Internationalen Strahlenschutzkommission in Einklang stehen und nach denen die PTB Bauartprüfungen ausführt. Auch die Strahlenschutzmessungen in medizinischen Röntgenbetrieben beruhen bisher noch nicht auf einer gesetzlichen Basis.

b) Radioaktive Stoffe

Obwohl die Anwendung radioaktiver Stoffe in Industrie und Medizin in den letzten 10 Jahren eine geradezu stürmische Entwicklung nahm, bestanden außer für Dichtigkeitsprüfungen an Radiumpräparaten bis vor kurzem keine gesetzlichen Vorschriften. Das im Jahre 1959 erlassene Atomgesetz bietet die Möglichkeit, diese Lücke durch eine Reihe von Verordnungen zu schließen, von denen die „Erste Verordnung über den Schutz vor Schäden durch Strahlen radioaktiver Stoffe" im Jahre 1960 in Kraft getreten ist. Hiernach ist die PTB für die Bauartprüfung von Vorrichtungen, die radioaktive Stoffe enthalten, zuständig. Bei dieser Prüfung muß u. a. festgestellt werden, ob die Dosisleistung in 10 cm Abstand von der Oberfläche der Vorrichtung den höchstzulässigen Wert von 0,1 mr/h nicht überschreitet, eine Bedingung, die besonders hohe Anforderungen, wie hohe Empfindlichkeit, weitgehende Energieunabhängigkeit und geringe Abmessungen des Detektors, an das Dosimeter stellt. Zu diesem Zweck sind in der PTB spezielle Meßeinrichtungen entwickelt worden.

Zur Probenahme radioaktiver Stoffe in Luft oder Wasser und ihrer Aufbereitung sowie zur Messung der radioaktiven Konzentrationen stehen der PTB Geräte zur Verfügung, die erforderlichenfalls mit einem Meßwagen für auswärtige Prüfungen eingesetzt werden können. Außerdem erlaubt ein in der PTB entwickeltes Szintillations-Spektrometer mit 60-Kanal-Analysator die Untersuchung der Zusammensetzung von gammastrahlenden Proben mit sehr geringer Aktivität. Diese Apparatur wird u. a. benutzt, um die Auswirkung von Kernwaffenversuchen auf die Kontamination des menschlichen Lebensraumes festzustellen.

Prüfungen von geschlossenen radioaktiven Präparaten auf Dichtigkeit ihrer Umhüllung wurden bereits seit einigen Jahrzehnten von der PTR ausgeführt. Während es sich anfänglich fast nur um die Prüfung von Radiumpräparaten auf Emanationsdichtigkeit handelte, kamen in den letzten Jahren Präparate mit nichtemanierenden, künstlich radioaktiven Stoffen hinzu. Hierfür mußten neue Meßmethoden (Wischprüfung und Tauchprüfung) erprobt und Prüfanweisungen ausgearbeitet werden. Nach der ersten Strahlenschutzverordnung von 1960 werden die routinemäßigen Messungen auf diesem Gebiet von Prüfstellen ausgeführt, die von den Bundesländern damit beauftragt sind und von der PTB beraten werden.

c) Strahlenschutzmaterialien

Die Bedingungen, unter denen die Wirksamkeit von Abschirmmaterialien bestimmt wird, sind bisher noch nicht festgelegt. Im allgemeinen wird die äquivalente Bleidicke (Bleigleichwert) im schmalen Strahlenbündel gemessen. Da der Bleigleichwert nicht nur vom Material selbst und der Strahlenqualität, sondern — besonders bei energiereicherer Strahlung — auch von der Geometrie der Meßanordnung abhängt, können Differenzen zwischen den an verschiedenen Stellen gewonnenen Ergebnissen auftreten. Deshalb hat die PTB Untersuchungen angestellt mit dem Ziel, die optimalen Bedingungen als Grundlage für eine genormte Meßanordnung aufzufinden. Im Rahmen dieser Arbeiten wurde auch ein neuartiges Gerät zur quantitativen Bestimmung der Inhomogenität von Strahlenschutzstoffen gebaut.

G. Gesetzliches Meßwesen

1. *Eichwesen*

Die erste Vereinheitlichung des Eichwesens für ein größeres Gebiet Deutschlands erfolgte 1868 mit der Einführung der Maß- und Gewichtsordnung für den Norddeutschen Bund. Diese gesetzliche Regelung ist durch die Verfassung von 1871 für das Deutsche Reich übernommen und 1908 durch eine neue Maß- und Gewichtsordnung ersetzt worden. Seit 1935 gilt das Maß- und Gewichtsgesetz.

Zur Sicherung der Einheitlichkeit auf dem Gebiet des Meßwesens obliegt der PTB als Staatsinstitut der Bundesrepublik die Entwicklung, Darstellung und Aufbewahrung der physikalischen und technischen Maßeinheiten. Sie schafft damit die Voraussetzung für den richtigen Anschluß der im Eichwesen sowie in Wissenschaft und Technik verwendeten Normalgeräte. Auf Grund des Maß- und Gewichtsgesetzes und seiner Durchführungsverordnungen beglaubigt sie die Hauptnormale der Eichbehörden, läßt Bauarten von Meßgeräten zur Eichung zu und führt in bestimmten Fällen selbst Eichungen aus. Als Folge der Automatisierung und des Eindringens der Elektronik in den Meßgerätebau ist die Zahl der Bauartprüfungen ständig gewachsen und gleichzeitig ihre Durchführung schwieriger geworden. Dazu kommt die umfangreiche Mitarbeit der PTB auf dem Gebiet des Vorschriftenwesens.

Die in der Eichordnung von 1942 enthaltenen Bauvorschriften bedürfen wegen der steten Weiterentwicklung bereits eichfähiger Meßgeräte, die oft mit Zusatzeinrichtungen versehen werden, einer laufenden Überprüfung und Ergänzung. Außerdem kommen im rechtsgeschäftlichen und amtlichen Verkehr sowie im Gesundheits- und Verkehrswesen neue Meßgeräte zur Anwendung, die der Eichpflicht unterliegen, und für welche die Eichvorschriften nach eingehender Prüfung der Bauart auf Zuverlässigkeit und Meßbeständigkeit erst erarbeitet werden müssen. Oft sind Vorverhandlungen mit Behörden, Herstellern und Benutzern erforderlich, um die Eichfehlergrenzen sowie die Mindestanforderungen an die Konstruktionen und Werkstoffe festzulegen.

Auf Grund der Vorschläge der PTB und nach ihrer Billigung durch die Vollversammlung (S. 54) hat der Bundesminister für Wirtschaft bisher 6 Änderungsverordnungen zur Eichordnung erlassen und eine weitere vorbereitet. Diese betreffen folgende neue Meßgerätegattungen: Transport-Meßbehälter für genießbare Flüssigkeiten, Karatgewichte, Feingewichte, Abfüllmaschinen, Feinwaagen, Federwaagen für Hebammen zur Feststellung des Geburtsgewichts, Getreidefeuchtemeßgeräte, Blutsenkungspipetten, Zellenzählkammern, Heizöläräometer, Frauenthermometer, Überdruckmeßgeräte mit elastischem Meßglied, Blutdruckmeßgeräte und Stoppuhren mit Handbetätigung.

Außerdem sind Bauvorschriften für zahlreiche von der Polizei zur Verkehrsüberwachung angewendete Meßgeräte ausgearbeitet worden, die in die Eich- oder Beglaubigungsordnung aufgenommen werden sollen. Hier handelt es sich z. B. um Geräte zur Messung der Geschwindigkeit, der Bremsverzögerung, der Radlast, des Luftdrucks, des Reifenprofils, des Geräuschs und der Scheinwerfereinstellung an Kraftfahrzeugen.

Während die Eichordnung nur die Anforderungen enthält, die an eichfähige Meßgeräte zu stellen sind, wird das Verfahren der Eichung durch die Eichanweisung geregelt. Auch hierzu hat die PTB unter Beteiligung der Eichaufsichtsbehörden einiger Länder Entwürfe ausgearbeitet, so für die „Allgemeinen Vorschriften" der Eichanweisung, die nach Billigung durch die Vollversammlung und nach ihrer Veröffentlichung im Amtsblatt der PTB von den Länderministerien in Kraft gesetzt wurden. Von den „Besonderen Vorschriften" der Eichanweisung konnten nach mehrjähriger Erprobung im praktischen Eichdienst folgende Abschnitte von der Vollversammlung verabschiedet werden: EA XII, A bis F Meßgeräte für wissenschaftliche und technische Untersuchungen, EA XIV A Thermometer, EA I D Meßmaschinen für Längenmessung. Außerdem wurden Richtlinien für die eichtechnische Prüfung von Feingewichten, Drehkolbengaszählern, Getreideprobern, Meßgeräten für Elektrizität, Stoppuhren und Verkehrsradargeräten nach Billigung durch die Vollversammlung den Eichbehörden zur Anwendung und Erprobung empfohlen.

Die PTB ist ferner bei der Neufassung des Maß- und Gewichtsgesetzes und der Verordnungen über Eichgebühren, Stempel und die Zulassung von Meßgeräten zur Eichung maßgebend beteiligt. Um eine einwandfreie Wägung in öffentlichen Wägebetrieben zu gewährleisten, gab sie 1954 eine ausführliche „Anweisung für Wäger" in öffentlichen Wägebetrieben heraus (erweiterte Neuauflage 1961).

2. Prüfwesen für elektrische Meßgeräte

Eine vom Eichwesen unabhängige Entwicklung nahm die amtliche Prüfung und Beglaubigung elektrischer Meßgeräte. Sie war durch das im Jahre 1898 erlassene „Gesetz betreffend die elektrischen Maßeinheiten" zunächst der PTR übertragen. Diese hatte außerdem für die Darstellung und Aufbewahrung der elektrischen Einheiten zu sorgen und die Meßgeräte-Bauarten zur amtlichen Beglaubigung zuzulassen. Die Benutzung unrichtiger Geräte war verboten und unter Strafe gestellt. Von der im Gesetz vorgesehenen Ermächtigung, die Beglaubigungspflicht einzuführen, wurde lange Zeit kein Gebrauch gemacht. Der Stromlieferer war für die Richtigkeit der Meßgeräte verantwortlich; er mußte daher bestrebt sein, seine Geräte selbst zu prüfen oder prüfen zu lassen.

Wegen der großen Zahl der zu erwartenden Prüfungen sah das Gesetz vor, daß die der PTR übertragene Befugnis zur amtlichen Beglaubigung auch anderen Stellen erteilt werden konnte. Diese Möglichkeit wurde weitgehend genutzt. Zunächst entstanden einige Prüfstellen bei staatlichen Behörden. Dazu kamen im Laufe der Zeit zahlreiche Prüfstellen bei kommunalen oder privaten Elektrizitäts-Versorgungsunternehmen, die den weitaus größten Teil der Prüfungen durchführten. Andere waren an Herstellerbetriebe angeschlossen. Diese sog. „Elektrischen Prüfämter" wurden von verpflichteten Fachkräften mit abgeschlossener Hochschulausbildung geleitet und von der PTR überwacht.

Das Maß- und Gewichtsgesetz von 1935 brachte eine Neuregelung des elektrischen Prüfwesens. Grundsätzlich war darin für alle Meßgeräte, die bei der entgeltlichen Abgabe von Elektrizität angewendet oder bereitgehalten werden, die Eichpflicht festgelegt. Sie sollte jedoch erst zu einem späteren Zeitpunkt in Kraft treten, da die staatlichen Eichbehörden noch nicht darauf eingerichtet waren, Eichungen elektrischer Meßgeräte in dem erforderlichen Umfang durchzuführen.

Mit der „Verordnung über die Beglaubigungspflicht von Meßgeräten für Elektrizität" vom 17. Juli 1959 wurde eine Regelung getroffen, die den bestehenden Verhältnissen Rechnung trug. Danach müssen alle bei der gewerbsmäßigen Abgabe von Elektrizität verwendeten Meßgeräte vor ihrer Benutzung durch eine zugelassene Prüfstelle amtlich beglaubigt sein, sofern sie nicht von einer Eichbehörde geeicht worden sind. Zur Durchführung der Verordnung wurden die vorhandenen „Elektrischen Prüfämter" herangezogen, die sich seit Jahrzehnten gut bewährt hatten. Das Verfahren der Zulassung und technischen Überwachung der Prüfstellen ist im einzelnen in einer Verwaltungsvereinbarung zwischen Bund und Ländern geregelt. Danach prüft die PTB die technischen Voraussetzungen für die Einrichtung neuer Prüfstellen und beurteilt die Eignung des leitenden Personals. Sie beglaubigt ferner die Normale und Prüfgeräte. Die Abnahme der Prüfstellen und ihrer Einrichtungen führt sie zusammen mit den Eichaufsichtsbehörden durch. Diese überwachen den laufenden Prüfbetrieb.

Zur Zeit bestehen in der Bundesrepublik einschl. West-Berlin 59 Elektrische Prüfämter, 197 den Prüfämtern angegliederte Prüfamtsaußenstellen und 6 Elektrische Nebenprüfämter, die unmittelbar staatlichen Eichaufsichtsbehörden unterstellt sind. Bei einem Gesamtbestand von etwa 18 000 000 Zählern und jährlich etwa 500 000 neu hinzukommenden wurden im Jahre 1961 rund 2 700 000 Elektrizitätszähler und 53 000 Meßwandler amtlich geprüft und beglaubigt.

3. *Internationale Aufgaben*

Die internationale Verflechtung der Naturwissenschaft und Technik hatte schon in der zweiten Hälfte des vorigen Jahrhunderts zu einer Vereinheitlichung des Meßwesens gedrängt und im Jahre 1875 zur Gründung der „Meterkonvention" geführt, deren Hauptaufgabe die Definition der physikalischen Einheiten und ihre bestmögliche Realisierung ist. Die Arbeiten dieser Organisation waren auch für das internationale Eichwesen von großem Nutzen. Wegen der Ausweitung des Welthandels und der Zunahme des internationalen Austauschs von Energie wurde die Forderung immer dringender, eine Angleichung der über das Einheitengebiet hinausgehenden Vorschriften des gesetzlichen Meßwesens zu erreichen.

Das führte im Juli 1937 zu der ersten „Internationalen Konferenz für Praktische Metrologie" in Paris, an der einschließlich Deutschlands 37 Staaten teilnahmen. Die Konferenz wählte ein „Provisorisches Komitee für Gesetzliches Meßwesen", das aus 16 Mitgliedern bestand. Vertreter Deutschlands in diesem Komitee war *W. Kösters*, der damalige Leiter der Abteilung I für Maß und Gewicht der PTR. Schon 1937 wurde vorgeschlagen, eine „Internationale Organisation für Gesetzliches Meßwesen" (OIML) zu gründen. Die nächste Sitzung des Provisorischen Komitees sollte 1938 in Berlin abgehalten werden; sie kam jedoch wegen der politischen Entwicklung nicht zustande.

Erst 1950 konstituierte sich das Provisorische Komitee wieder. Es bestand aus den 1937 gewählten, noch amtierenden Mitgliedern und hatte sich durch Zuwahl ergänzt. Im Jahre 1956 konnte schließlich die „Konvention zur Errichtung einer Internationalen Organisation für Gesetzliches Meßwesen" abgeschlossen werden, der bis jetzt 32 Staaten als Vollmitglieder und 7 als korrespondierende Mitglieder angehören. Deutsches Komiteemitglied war bis Mai 1961 *R. Vieweg*, danach *H. Moser*.

Zu den wesentlichen Aufgaben der Organisation gehören die internationale Angleichung von Vorschriften auf dem Gebiet des Gesetzlichen Meßwesens und die Festlegung seiner allgemeinen Grundsätze sowie der Erfahrungsaustausch zwischen den nationalen Meßdiensten. Ferner ist die Einrichtung einer zentralen Dokumentations- und Informationsstelle vorgesehen. Arbeitsorgane sind das aus Vertretern der Mitgliedsländer gebildete „Internationale Komitee für Gesetzliches Meßwesen" (CIML) und das „Internationale Büro für Gesetzliches Meßwesen" (BIML) mit Sitz in Paris. Für die fachlichen Arbeiten auf den verschiedenen Gebieten sind etwa 50 Arbeitsgruppen gebildet worden, deren Sekretariate sich auf mehrere Länder verteilen und von denen Entwürfe für internationale Empfehlungen über Bau- und Prüfvorschriften ausgearbeitet werden. Die vom Internationalen Komitee gebilligten Entwürfe gehen zur Beschlußfassung der „Internationalen Konferenz für Gesetzliches Meßwesen" zu, die mindestens alle 6 Jahre stattfinden soll.

Die PTB hat für 7 Arbeitsgebiete das Sekretariat übernommen, nämlich für Neigungswaagen, elektromechanische Wägeeinrichtungen, Fahrpreisanzeiger, Flüssigkeitszähler, Gaszähler für Industriezwecke, Wirkdruckgaszähler und Meßwandler. In weiteren 16 Arbeitsgruppen wirkt sie mit. Für einige Arbeitsgebiete konnten bereits erste Entwürfe internationaler Empfehlungen vorgelegt werden, so für Neigungswaagen, elektromechanische Wägeeinrichtungen, Gaszähler und Meßwandler. Auf anderen Gebieten haben erste internationale Kontakte zu einer Annäherung der Standpunkte geführt. Auch bei der Aufstellung eines Modellplans für eine internationale Eichschule, eines Vokabulariums für das gesetzliche Meßwesen und einer Empfehlung für verschiedene Präzisionsklassen von Meßgeräten ist die PTB beteiligt. Um die Rechtsangleichung auf dem Gebiet des Eichwesens innerhalb der EWG-Staaten zu fördern, ist ein spezieller Arbeitskreis aus Vertretern dieser Länder gebildet worden.

Eine weitere internationale Aufgabe ist die Hilfe und Beratung für Entwicklungsländer im Rahmen des gesetzlichen Meßwesens. Hier hat die PTB schon in mehreren Fällen, sei es bei der Errichtung neuer nationaler Eichdienste oder ihrer Ausrüstung mit Normal- und Prüfgeräten, sei es bei der Ausbildung ihrer Fachkräfte helfen können.

H. Prüfungstätigkeit

Einen in seiner Auswirkung zwar nicht zahlenmäßig belegbaren, aber doch nicht unbedeutenden Anteil an der industriellen Entwicklung leistet die PTB durch ihre Prüfungstätigkeit. Hierzu gehören die Bauartprüfungen von Geräten im Zusammenhang mit gesetzlich vorgeschriebenen Zulassungen und die zum größten Teil auf freiwilligen Antrag vorgenommenen Einzelprüfungen von Geräten und Stoffen. Dazu kommen gutachtliche Stellungnahmen, besonders zu sicherheitstechnischen Fragen.

Die in Tabelle 2 wiedergegebene statistische Auswertung fußt auf den in den Tätigkeitsberichten der PTB veröffentlichten Angaben und beginnt mit dem Jahr des Zusammenschlusses der Anstalten in Braunschweig und Berlin. Sie zeigt zwar im allgemeinen eine dem industriellen Aufschwung seit der Währungsreform entsprechende Zunahme der Prüfungstätigkeit; jedoch können die Zahlen nicht den bei fast allen Prüfungen angewachsenen Arbeitsumfang zum Ausdruck bringen. Er ist die Folge einer auf allen Gebieten sich verfeinernden Technik, die zu komplizierteren und schwieriger zu prüfenden Meßgeräten führt und die Bundesanstalt zu einer ständigen Entwicklung und Verbesserung ihrer Prüfungsmethoden zwingt. Es kann daher sein, daß kleinere Zahlen doch größere Arbeitsleistungen bedingt haben.

Auch die Vielfalt der Prüfungen ist aus Tabelle 2 nicht ersichtlich. Es konnten nur solche Geräteprüfungen oder Stoffuntersuchungen im einzelnen aufgeführt werden, die in großer Zahl vorgenommen worden sind; die vielen übrigen, darunter umfangreiche einmalige Prüfungen oder aus dem gegebenen Rahmen fallende Untersuchungen mußten in den Rubriken für „andere" Geräte oder Stoffe zusammengefaßt werden.

Unter den Bauartprüfungen (1) nehmen diejenigen von explosionsgeschützten Betriebsmitteln und von Spielgeräten wegen ihrer großen Zahl einen besonderen Platz ein. Man sieht, daß hier ebenso wie bei den sonstigen Bauartprüfungen, die sich auf viele Laboratorien verteilen, in den letzten Jahren ein annähernd gleichbleibender Höchststand der Zahlen erreicht wurde, obwohl der Schwierigkeitsgrad der Prüfungen zugenommen hat.

Von den Einzelprüfungen (2) sind zunächst diejenigen von Normalgeräten und -substanzen aufgeführt. In der Höhe der Zahlen kommt die wichtige Funktion der PTB auf diesem Gebiet zum Ausdruck. Geprüft werden nicht nur die von den Eichbehörden benutzten Hauptnormale, sondern auch solche, die der Industrie als Fertigungsgrundlage dienen. Wegen der Kriegszerstörungen war ein großer Nachholbedarf vorhanden, der sich — wie die Zahlen zeigen — im Laufe der Zeit ausglich. Besonders stark hat die Prüfung von Normalelementen zugenommen. Das ist darauf zurückzuführen, daß die Elektroindustrie infolge höherer Genauigkeitsanforderungen mehr und mehr dazu überging, die Kompensographen und ähnliche Geräte mit Normalelementen auszurüsten. Die Zahl der geprüften Normalsubstanzen ist zwar noch gering, jedoch ebenfalls im Wachsen begriffen. In vielen Fällen hat es sich als zweckmäßig erwiesen, Geräte mit Hilfe einer Substanz, deren physikalische Stoffeigenschaften in der PTB ermittelt sind, am Gebrauchsort zu kalibrieren.

Die zahlenmäßig stärkste Gruppe (3) enthält Prüfungen von Gebrauchsgeräten und -stoffen, die der PTB übertragen werden, weil sie vom Auftraggeber selbst nicht mit der gewünschten Genauigkeit ausgeführt werden können oder weil eine amtliche Prüfung, z. B. für Exportzwecke, gefordert wird. Der PTB-Stempel gilt in diesem Fall gewissermaßen als Gütezeichen. Unter die Rubrik 3a fallen vorwiegend Prüfungen von Glasthermometern mit sehr feiner Einteilung und von elektrischen Thermometern. In Rubrik 3c sind auch zahlreiche auf Antrag durchgeführte Untersuchungen, z. B. über Rauhigkeit von Oberflächen, Lichtempfindlichkeit von Filmen oder über akustische Probleme zusammengefaßt.

Die meisten gutachtlichen Stellungnahmen (4) beziehen sich auf sicherheitstechnische Fragen oder stehen in Zusammenhang mit den Genehmigungen zur Beförderung und Aufbewahrung von Kernbrennstoffen. Auch Gutachten für Gerichte, z. B. über Spielgeräte, wurden des öfteren abgegeben.

Tabelle 2. *Statistik über die Anzahl der Prüfungen der PTB in den Jahren 1953—1961*

Jahr	1953	1954	1955	1956	1957	1958	1959	1960	1961
1 *Bauartprüfungen*									
a Ex-Motoren und Geräte	834	817	901	1286	1471	2429	2416	2327	2228
b Spielgeräte	348	311	222	321	211	228	253	361	303
c Sonstige Bauarten	493	491	613	635	605	693	816	882	856
2 *Einzelprüfungen von Normalgeräten und -substanzen*									
a Normalelemente	809	1206	2211	2440	2722	3402	3974	5763	6767
b Normal- und Feingewichte	1885	1570	1279	2388	2121	1938	1413	1515	1319
c Sonstige Normalgeräte	2593	2173	2048	1398	1937	1604	2174	1419	1382
d Normalsubstanzen	60	35	156	173	155	115	85	196	170
3 *Einzelprüfungen anderer Geräte und Stoffe*									
a Thermometer	1433	1436	1713	1494	1798	2052	1802	2069	2251
b Elektrische Wandler und Bürden	1002	1563	1248	1059	1666	1555	1786	2291	1944
c Sonstige Geräte u. Untersuchungen	4651	5473	5138	6242	6289	6995	6027	6692	6432
d Isolierstoffe	7051	4544	3905	4912	7234	6075	4002	4361	4145
e Sonstige Bestimmungen von physikalischen Stoffeigenschaften	977	1663	1629	1467	2029	1938	1869	2027	1638
4 *Gutachtliche Stellungnahmen*	29	48	86	109	326	344	229	311	455

VIII. Die Kuratoren der PTB *)

Präsidenten des Kuratoriums:

Min. Dir. L. Kattenstroth	1950—1953
Min. Dir. Dr. E. Michel	1954—1956
Min. Dir. R. Risse	seit 1956

Vizepräsident des Kuratoriums:

Dr. Hermann von Siemens	seit 1950 (seit 1949 als Kurator)

Mitglieder:

Prof. Dr. W. Bauersfeld	1949—1953
Prof. Dr. L. Bergmann	1951—1959
Prof. Dr. W. Bothe	1953—1957
Senatsrat a. D. Dr. K. Gehlhoff	seit 1951
Prof. Dr. W. Gentner	seit 1949
Prof. Dr. W. Gerlach	1949—1959
Prof. Dr. E. Gigas	seit 1949
Minister a. D. Prof. Dr. A. Grimme	1949—1953
Direktor Dr.-Ing. F. Hämmerling	seit 1960
Prof. Dr. G. Hansen	seit 1960
Prof. Dr P. Harteck	1949—1952
Staatssekr. Prof. Dr. K. Herz	seit 1949
Prof. Dr. A. Hilsch	seit 1949
Prof. Dr. H. Holthusen	seit 1957
Prof. Dr. W. Jost	seit 1959
Gen. Dir. Dr. H. Junghans	seit 1949
Prof. Dr. E. Justi	seit 1952
Prof. Dr. O. Kienzle	seit 1949
Prof. Dr. M. Kohler	seit 1959
Prof. Dr. H. Kopfermann	seit 1949

---

*) ausschließlich der dem Kuratorium ex officio angehörenden leitenden Beamten der PTB (s. S. 53).

Prof. Dr. M. v. Laue	1949—1960
Prof. Dr. W. Meißner	1949—1960
Gen. Dir. Dr.-Ing. A. R. Meyer	seit 1949
Direktor H. Möller	1949—1959
Prof. Dr. R. W. Pohl	seit 1949
Dipl.-Ing. Th. Prümm	seit 1956
Prof. Dr. A. Rachel	1949—1955
Dipl.-Ing. F. L. Reuther	seit 1959
Direktor Dr. E. Schott	seit 1949
Prof. Dipl.-Ing. W. Strahringer	seit 1949
Prof. Dr. I. N. Stranski	seit 1953
Prof. Dr. E. Terres	1949—1958
Prof. Dr. R. Vieweg	seit 1949
Prof. Dr. K. W. Wagner	1949—1953
Direktor Dr. E. Wengel	1949—1958
Direktor Dr. F. Werner	seit 1953
Gen. Dir. H. Winkhaus	1956—1959
Prof. Dr. C. Zerbe	seit 1949

IX. Die wissenschaftlichen Mitarbeiter und Gäste seit 1937 *)

Name	Arbeitsbereich	Zur PTR/PTB gehörig
Ach, Dipl.-Phys., K.-H., WA	Getreideprober	seit 1955
Adelsberger, Prof. Dr., U., Dir	Unterabteilung I A	seit 1927
Albach, Dr.-Ing., W., RR	Elektrizitätszähler	seit 1953
Albrecht, Dipl.-Ing., A., WA	Gasmeßgeräte	seit 1938
Altmann, Prof. Dr.-Ing. habil., F., ORR	Lng.- u. Fläch.-Meßmasch.	seit 1949
von Alvensleben, Dipl.-Phys., A., WA	Frequenzmessung	seit 1961
Angerstein, Ass., H., JMA	Verwaltung	seit 1958
Auch, Dipl.-Phys., K., WA	Elektronenzyklotron	seit 1955
Aziz, N. (Ägypten), Gast	Physikalische Chemie	seit 1958
Bähre, Dr.-Ing., W., ORR	Prüfamtswesen	seit 1935
Balz, Dipl.-Ing., G., WA	Elektrizitätszähler	1943—1957
Bartholomeyszyk, Dr., K.-W., RR	Spektroskopie	seit 1953
Bartsch, Dipl.-Phys., E., WA	Hochfrequenzmessung	1943—1945
Bathow, Dr., G., WA	Elektromedizin. Technik	1952—1959
Bauer, Dr., G., ORR	Strahlungsoptik	seit 1937
Baumgärtel, Dipl.-Phys., K., WA	Strahlenschutz	seit 1959
Bayer, Prof. Dr., E., WA	Röntgenstrahlen	1944—1945
Bayer, Dr., H., RR	Kurzwellenphysik	seit 1953
Bayer-Helms, Dr., F., WA	Längeneinheit	seit 1955
Becker, Dr., G., WA	Schmiertechnik	1938—1945
Becker, Dr., G., RR	Zeiteinheit	seit 1951
Becker, Dr., G.-W., WA	Elast. Konstanten	seit 1954
Behnken, Dr., H., ORRaM	Röntgenstrahlen	1913—1945

---

*) einschließlich sonstiger Mitarbeiter des höheren Dienstes. Die Liste enthält nur Mitarbeiter, die mindestens 6 Monate der PTR/PTB angehört haben. Es bedeuten: LDir Leitender Direktor, Dir Direktor, ORR Oberregierungsrat, ORRaM Oberregierungsrat als Mitglied, RR Regierungsrat, RRaM Regierungsrat als Mitglied, WA Wissenschaftlicher Angestellter, JMA Juristischer Mitarbeiter. Über die Arbeitsbereiche der Abteilungs-, Unterabteilungs- und Sektionsleiter der PTB vgl. Organisationsplan S. 37.

Name	Arbeitsbereich	Zur PTR/PTB gehörig
Behnsch, Dipl.-Phys., W., WA	Schrifttum	seit 1959
Bender, Dr., D., WA	Elektrische Meßtechnik	1940—1945
Berendes, W., ORRaM	Verwaltung	1936—1945
vom Berg, Dr., F., ORR	Explosionsschutz	seit 1953
Bethe, Dr., G., WA	Getreideprober	1936—1941
Beuthe, Dr., H., Dir	Abteilung V der PTR	1927—1945
Bibl, Prof. Dr., W., RR	Industrielle Meßtechnik	seit 1957
Bierl, Dipl.-Ing., R., WA	Ultraschall	1939—1945
Bischoff, Dr., K., WA	Strahlungsoptik	seit 1955
Bittner, Dr.-Ing., G., RR	Hochfrequenzmessung	seit 1955
Blank, Dipl.-Ing., G., WA	Sicherheitstechnik	1954—1955
Blanke, Dipl.-Ing., W., WA	Temperaturmessung	seit 1957
Blechschmidt, Dr., E., RRaM	Wechselstromnormale	1929—1945
Blechschmidt, Dipl.-Phys., M., WA	Neutronenmessung	seit 1960
Bloch, Dr.-Ing., O., WA	Flüssigkeitsmeßgeräte	seit 1956
Blum, K., ORRaM	Waagen	1923—1945
Bluschke, Dr., H., ORR	Flüssigkeitsmeßgeräte	seit 1947
Bobbert, Dipl.-Ing., G., WA	Geräuschmessung	1947—1955
Bochmann, Dr.-Ing., G., ORR	Waagen, Getreideprober	seit 1930
Bock, Dr.-Ing., G., WA	Hauptwerkstatt	1955—1959
Bock, Dr.-Ing., H., WA	Kältetechnik	1953 1954
Bocker, Dr.-Ing., P., WA	Schallübertragung	1956—1960
Bode, Dr.-Ing., K.-H., WA	Wärmetechnik	seit 1952
Boeck, Dipl.-Ing., W., WA	Hochspannung	seit 1959
Böhme, Dipl.-Phys., H., WA	Endmaße	seit 1960
Böhme, Dr., S., WA	Quarzuhren	1948—1949
Bönke, Dr., K., WA	Fl.-Volumenmeßgeräte	seit 1941
Börsch, Prof. Dr. habil., H., ORR	Elektronenoptik	1948—1954
Bomke, Dr., H., WA	Elektrische Isolierstoffe	1933—1938
Brasack, Dr., F., RR	Elektrische Einheiten	seit 1937
Bünnagel, Dr., R., ORR	Polarimetrie	seit 1939
Bürger, Dr., K., ORR	Industrielle Meßtechnik	1934—1955
Burke, Dipl.-Ing., O., WA	Gasmeßgeräte	seit 1958
Burmester, Dr., A., RRaM	Schrifttum	1921—1945
Busch, Dipl.-Ing., K., WA	Lng.- u. Fläch.-Meßmasch.	seit 1955

Name	Arbeitsbereich	Zur PTR/PTB gehörig
Canon, Frl., Dipl.-Chem., H., WA	Temperaturmessung	1939—1952
Capeller, Dipl.-Ing., W., WA	Elektrische Maschinen	1957—1958
Captuller, Dr.-Ing., H., WA	Magnetische Messungen	seit 1949
Catalina, Dipl.-Phys., F. (Spanien), Gast	Elektronenoptik	1953—1954
Cirkler, Fr., Dr., F., Gast	Schweremessung	1952—1953
Claußnitzer, Dr.-Ing., W., RR	Hochspannung	seit 1951
Dämmig, Dr., P., WA	Raumakustik	seit 1957
Dibus, Dipl.-Phys., G., WA	Temperaturmessung	1952—1953
Diestel, Dr., H.-G., RR	Akustische Normale	seit 1953
Diettrich, Dipl.-Phys., O., WA	Neutronenmessung	seit 1959
Dobritz, Dipl.-Ing., G., WA	Explosionsschutz	seit 1959
Döring, Dr.-Ing., H., RR	Waagen	seit 1952
Dreier, Dr.-Ing., H., WA	Elektrische Maschinen	seit 1954
von Droste, Dr., G., RR	Kernspektroskopie	seit 1951
Dühmke, Dr., M. ORR	Endmaße	seit 1940
Dziobek, W., Dir	Sektion A d. Inst. Berlin	1923—1954
Eberle, Dr., J., RR	Flüssigkeitsmeßgeräte	seit 1953
Ebert, Prof. Dr., H., Dir	Unterabteilung I B	1921—1961 seit 1961 als Gast
Eck, Dr.-Ing., H., RR	Wärmetechnik	1928—1945
Eichberger, Dr., WA	Längeneinheit	1938—1942
Eicke, Dr., H., ORR	Elektr. Normale	seit 1936
Einsporn, Dr., E., RRaM	Polarimetrie	1925—1945
Engelhard, Dr., E., ORR	Längeneinheit	seit 1935
Engelke, Dr., B. A., WA	Röntgendosimetrie	seit 1960
Erk, Dr.-Ing., S., RRaM	Viskosimetrie	1922—1939
Erler, Dr., K., WA	Hochfrequenzmessung	1939—1945
Esau, Prof. Dr., A.	Präsident der PTR	1939—1945
Eujen, Dr.-Ing., E., ORR	Gasmeßgeräte	seit 1951
Fack, Dr., H., RR	Regelungstechnik	seit 1952
Falk, Dr. O. (Norwegen), Gast	Waagen	1951
Faltin, Dr., P., WA	Zeiteinheit	seit 1960
von Ferroni, Dr., E., WA	Hochfrequenzmessung	1936—1938

Name	Arbeitsbereich	Zur PTR/PTB gehörig
Fiebiger, Dipl.-Phys., A., WA	Magnetische Messungen	seit 1958
Flechsig, Dr., W., WA	Halbleiterphysik	seit 1955
Forger, Prof. Dr., K., Dir	Sektion B d. Inst. Berlin	seit 1939
Försching, Dipl.-Ing., H., Gast	Elektrische Einheiten	1958
Förste, Dipl.-Phys., D., WA	Photometrie	seit 1956
Fränz, Prof. Dr., J., LDir	Abteilung VI	seit 1925
Fredrich, Ass., H.-J., JMA	Verwaltung	seit 1954
Fricke, Dipl.-Phys., H., WA	Waagen	1952—1959
Friedl, Dr.-Ing., R., RR	Elektrizitätszähler	seit 1953
Frielinghaus, Dipl.-Ing., R., Gast	Ultraschall	seit 1957
Fritz, Prof. Dr.-Ing., W., Dir	Abteilung III	seit 1927
Froehlich, Frl., Dr., M., WA	Normalelemente	seit 1951
Fuchs, Dr., R., WA	Massenspektrometrie	seit 1956
Furbach, Dr., E., RR	Waagen	1938—1956
Gary, Dr.-Ing., M., RR	Oberflächenmessungen	1951—1958
Geffcken, Dr., W., WA	Fernmeldetechnik	1944—1945
Gehm, Dr.-Ing., K.-H., RR	Explosionsschutz	seit 1950
Gehrcke, Prof. Dr., E., Dir	Abteilung IV der PTR	1901—1945
German, Dr., S., WA	Uhrentechnik	seit 1954
Gerschlauer, Dr., W., WA	Tiefe Temperaturen	1937—1939
Giebe, Prof. Dr., E., Dir	Abteilung II der PTR	1904—1940
Gieleßen, Dr., J., ORR	Druckmessung	seit 1936
Gocht, Dr., K., WA	Elektrizitätszähler	1950—1951
Goens, Dr., E., ORRaM	Kristallphysik	1921—1945
Gollwitzer, Dr., F., WA	Anorganische Werkstoffe	1938—1945
Gräfe, Dipl.-Ing., O., WA	Feinmechanik	1942—1945
Gremmer, Dr., W., RR	Elektrische Einheiten	1925—1942
Groß, Dipl.-Chem., H.-J., WA	Sicherheitstechnik	seit 1958
Grotjahn, Dipl.-Phys., D., Gast	Bildoptik	seit 1960
Grützmacher, Prof. Dr., M., LDir	Abteilung V	seit 1934
Gummi, Dipl.-Phys., V., WA	Röntgendosimetrie	seit 1958
Haase, Dipl.-Ing., A., ORR	Eichwesen	seit 1953
Haase, Dipl.-Ing., H., WA	Zahnradprüfung	1939—1945
Hahlbohm, Dr., H.-D., WA	Elektr. Normale	seit 1957

Name	Arbeitsbereich	Zur PTR/PTB gehörig
Hahn, Dr. habil., D., RR	Luminiszenz, Verkehrsopt.	seit 1955
Hampel, Dr., B., WA	Allgemeine Chemie	1952—1957
Hänsch, Dipl.-Ing., W., RR	Technischer Betrieb	1934—1945
Hanßen, Dr., K.-J., RR	Elektronenoptik	seit 1952
Harbeke, Dr., G., WA	Halbleiterphysik	1958—1961
Harm, Dipl.-Ing., G., WA	Hochfrequenzmessung	1944—1946
Hartmann, Dr., B., ORRaM	Aräometrie	1923—1945
Häsing, Dr., J., WA	Oberflächenmessung	seit 1954
Hauk, Dipl.-Phys., D., WA	Geräuschmessung	1956—1959
Heidelberg, Dr., E., WA	Sicherheitstechnik	seit 1955
Heidenreich, Dr., F., WA	Tiefe Temperaturen	1934—1938
Heiland, Dipl.-Phys., W., WA	Wiss. Photographie	seit 1960
von Heimendahl, Dipl.-Phys., M., WA	Röntgenspektroskopie	1955—1958
Heintz, Dr.-Ing., W., WA	Neutronenmessung	seit 1953
Heitzmann, Frl., Dr., M., WA	Ionenbeschleuniger	seit 1958
Helke, Dr.-Ing., H., RR	Elektrische Maschinen	seit 1952
Helmholz, Dr., E.-W., ORR	Hochfrequenzmessung	seit 1934
Henkel, Dipl.-Ing., E., WA	Meßwandler	seit 1958
Hennenhöfer, Dr., J., ORR	Eichwesen	1938—1952
Henning, Prof. Dr., F., Dir	Abteilung III der PTR	1901—1945
Herrmann, Dr., H., WA	Elektromedizin. Technik	1949—1959
Herrmann, Dipl.-Phys., A., WA	Hochfrequenzmessung	1939—1945
Heß, Dr., B., WA	Röntgenspektroskopie	1938—1945
Hess, Dr., E., ORR	Feine Wägungen	seit 1935
Hetzel, Dr., W., ORR	Gleichstromnormale	seit 1936
Heuse, Dr., W., ORRaM	Temperaturmessung	1906—1945
Hild, Dr., K., ORR	Kraftmessung	seit 1933
Hoffmann, Prof. Dr., F., ORRaM	Temperaturstrahlung	1903—1945 seit 1950 als Gast
Hoffmann, Dipl.-Ing., W., WA	Industrielle Meßtechnik	seit 1957
Hoffmann, W., ORRaM	Aräometrie, Viskosim.	1923—1961
Hoffrogge, Dr., Ch., ORR	Strichmaße	seit 1947
Holzapfel, Dipl.-Phys., G., WA	Sicherheitstechnik	seit 1961
Holzmüller, Dr., W., WA	Kunststoffe	1937—1939
Homann, Dr., F., WA	Wärmetechnik	1936—1941
Horsford, Frl., A. (England), Gast	Temperaturmessung	1959—1960

Name	Arbeitsbereich	Zur PTR/PTB gehörig
Houtermans, Prof. Dr., F. G., WA	Radioaktivität	1942—1945
Hoyer, Dr.-Ing., H., ORR	Wechselstromnormale	seit 1934
Hübner, Dr., H.-J., WA	Spektroskopie	seit 1954
Hübner, Dr.-Ing., W., ORR	Röntgendosimetrie	seit 1951
Hücking, Dipl.-Ing., H., WA	Elektrizitätszähler	seit 1947
Hühn, Dipl.-Ing., H., WA	Zahnradmessungen	seit 1957
Ide, Dr., K.-H., RR	Allgemeine Chemie	1947—1953
Jaeger, Dr., R., ORR	Röntgendosimetrie	1925—1958
Janicki, Dr., L., ORRaM	Interferenzspektroskopie	1907—1947
Jessen, Dipl.-Phys., K., WA	Längen- u. Flächenmessung	seit 1953
Johannsen, Dipl.-Ing., H., ORRaM	Waagen, Eichwesen	1936—1952 *)
Junginger, Dr., H., WA	Strahlungsoptik	1936—1939
Jungk, Dipl.-Ing., P., WA	Gleichstromnormale	seit 1954
Justi, Dr. phil. habil., E., RRaM	Tiefe Temperaturen	1929—1944
Kallenbach, Dr., W., ORR	Klanganalyse	seit 1937
Kämmerer, Dipl.-Ing., W., WA	Zahnradmessung	1954—1955
Kaul, Dipl.-Phys., W., WA	Kernspektroskopie	seit 1957
Kebbel, Dr., W., WA	Hochfrequenzmessung	1942—1945
Keil, Dipl.-Ing., P., WA	Meßwandler	1960—1961
Keil, Dr., W., ORRaM	Uhrentechnik	1925—1944
Kemmler, Stud.-Ref., K., WA	Schallmessung	1940—1945
Kemnitz, Dr., G., WA	Röntgenspektroskopie	1950—1951
Kernchen, Dipl.-Phys., W., WA	Photometrie	seit 1959
Kersten, Prof. Dr.-Ing., M.	Präsident der PTB	seit 1961
Kirchner, Dr., H., WA	Allgemeine Chemie	seit 1957
Kirschstein, Dr., F., WA	Zahnradmessung	1947—1949
Kleeschulte, Dipl.-Ing., K., WA	Hochfrequenzmessung	1944—1945
Klein, Dipl.-Chem., J., Gast	Physikalische Chemie	seit 1959
Kleinmann, Dipl.-Phys., W., WA	Längeneinheit	1954—1955
Klemt, Dr., M., RR	Spielgeräte	seit 1952
Klett, Dr., C., WA	Röntgendosimetrie	seit 1955
von Klitzing, Dr.-Ing., K.-H., ORR	Magnetophysik	seit 1942

---

*) vgl. a. S. 30

Name	Arbeitsbereich	Zur PTR/PTB gehörig
Kluge, Dr.-Ing., J., ORR	Elektrische Maschinen	1927—1957
Kneser, Prof. Dr., H., WA	Tonfrequenzmessung	1946—1951
Kobligk, Dr., K., WA	Spielgeräte, Manometrie	1949—1956
Koch, Dr.-Ing., J., WA	Industrielle Meßtechnik	seit 1952
Koch, Dr.-Ing., W., ORRaM	Wärmetechnik	1934—1945
Kohl, Prof. Dr., K., WA	Kurzwellenphysik	1934—1939
Kohler, Prof. Dr., M.	Berater in theor. Phys.	seit 1951
Kolb, Dipl.-Phys., M., WA	Neutronenmessung	1957—1960
Kolb, Dr., W., WA	Strahlenschutz	seit 1954
Koppelmann, Dr., J., RR	Ultraschall	seit 1954
Kornatz, Dr., E., ORR	Waaagen	1923—1953
Korte, Prof. Dr., H., LDir	Abteilung IV	seit 1936
Kösters, Dr., H., RR	Schallmessung	1934—1945
Kösters, Prof. Dr., W.	Präsident der PTB	1923—1950
Kramer, Dr., J., ORR	Exoelektronen	seit 1939
Krapf, Dipl.-Ing., K., RR	Schweltechnik	1937—1945
Krause, Dipl.-Ing., W., WA	Hochfrequenzmessung	1944—1945
Krug, Dr., W., WA	Feinmechanik	1939—1945
Külz, Frl., Dr., H., WA	Tiefe Temperaturen	1943—1945
Kuntze, Dr., A., WA	Starkstromtechnik	1936—1938
Kunz, Dipl.-Phys., H., WA	Temperaturstrahlung	seit 1954
Kußmann, Prof. Dr., A., LDir	Institut Berlin	seit 1925
Lampe, Dr., P., ORRaM	Längenmessung	1923—1951
Landwehr, Dr., G., WA	Halbleiterphysik	seit 1953
Langbein, Dr., G., ORRaM	Feine Wägungen	1923—1944
Lanzrath, Dr., W., ORRaM	Lng.- u. Fläch.-Meßmasch.	1923—1945
Lau, Dr., E., ORRaM	Strahlungsoptik	1920—1945
Lauterbach, Dipl.-Phys., U., WA	Strahlenschutz	seit 1959
Lehmann, Dr.-Ing., R., RRaM	Feinmechanik	1931—1945
Lehnert, Dr.-Ing., G., WA	Hauptwerkstatt	1947—1954
Lenk, Dr., B., ORRaM	Feine Wägungen	1923—1945
Lenz, Dipl.-Ing., M., WA	Hochfrequenzmessung	1943—1945
Leo, Dr., W., ORR	Spektroskopie	seit 1932
Lettau, Dr., E., WA	Hochspannung	1949—1950
Linckh, Prof. Dr.-Ing., H.-E., LDir	Abteilung II	seit 1924

Name	Arbeitsbereich	Zur PTR/PTB gehörig
Linhardt, Dr.-Ing., F., Gast	Ultraschall	1955—1957
Linhardt, Dipl.-Ing., W., WA	Musikalische Akustik	1957—1958
Lob, Dr., P., ORR	Spielgeräte	1932—1961
Lohrengel, Dipl.-Phys., J., WA	Temperaturstrahlung	seit 1959
Lottermoser, Dr., W., ORR	Musikalische Akustik	seit 1935
Louden, M. (Ägypten), Gast	Musikalische Akustik	seit 1958
Lührs, Dipl.-Phys., K., WA	Kraftverkehrsmeßgeräte	seit 1961
Magdeburg, Dipl.-Phys., M., WA	Verkehrst. Lichtmessung	seit 1961
Martin, Dr., R., WA	Geräuschmessung	seit 1954
Maske, Dr., F., WA	Schmiertechnik	1935—1939
Mathiesen, Dr.-Ing., B., RR	Elektrizitätszähler	1938—1956
Meerländer, Dr., G., WA	Viskosimetrie	seit 1955
Meidinger, Dr., W., ORR	Wiss. Photographie	seit 1927
Meister, Dr.-Ing., F. J., RR	Erschütterungsmessung	1935—1945
Melchert, Dr.-Ing., F., WA	Gleichstromnormale	seit 1957
Mentzel, Dr., E., ORR	Gaßmeßgeräte	1925—1960
Messer, Dr., G., WA	Gasmeßgeräte	seit 1960
Mette, Dipl.-Phys., H., WA	Gleichstromnormale	1953—1956
Metzdorf, Dr., J., WA	Dosim., Strahlensch.	seit 1956
Meyer, Dr., J., WA	Musikalische Akustik	seit 1958
Meyer, Dr.-Ing., K., RR	Feinmechanik	1937—1945
Mintrop, Prof. Dr.-Ing. habil., H., ORR	Waagen	seit 1953
Moerder, Dr.-Ing., C., WA	Elektrische Maschinen	1936—1939
Möller, Prof. Dr., K., Dir	Ständiger Vertreter des Präsidenten der PTR	1938—1945
Mollwo, Dr.-Ing., L., RR	Elektrische Maschinen	1935—1945
Mönch, Dr., G., WA	Längenmessung	1936—1941
Moser, Prof. Dr., H.	Vizepräsident der PTB	seit 1928
Mrass, Dr., H., RR	Akustische Normale	seit 1946
Mücke, Dr.-Ing., L., WA	Verkehrst. Lichtmessung	1937—1945
Mühe, Dipl.-Phys., R., WA	Röntgenspektroskopie	1957—1961
Mühe, Dr.-Ing., W., RR	Eichwesen	seit 1954
Mühlfeld, Dr.-Ing., A., WA	Waagen	seit 1954
Munzel, Dipl.-Phys., K.-G., Gast	Röntgendosimetrie	1952—1953

Name	Arbeitsbereich	Zur PTR/PTB gehörig
Nabert, Dipl.-Ing., K., RR	Sicherheitstechnik	seit 1947
Nasser, Dr., M.-J. (Ägypten), Gast	Spektroskopie	1957—1959
Neubert, Dipl.-Phys., K.-D., WA	Elektromedizin. Technik	seit 1960
Neubert, Dipl.-Phys., W., WA	Kältephysik	seit 1959
Neumann, Dr., F., RRaM	Strichmaße	1925—1945
Niemann, Dipl.-Ing., C., WA	Röntgenstrahlen	1944—1945
Noch, Dr.-Ing., R., RR	Zahnradmessung	seit 1953
Oberst, Dr., H., RR	Tonfrequenzmessung	1951—1957
Ochsenfeld, Prof. Dr., R., Dir	Unterabteilung II A	seit 1932
Oehring, Dipl.-Phys., H., WA	Polarimetrie	seit 1957
Ohl, Dr., G., RR	Frequenzmessung	seit 1952
von Ohnesorge, Dr.-Ing., W., RR	Flüssigkeitsmeßgeräte	1936—1939
Orner, Dipl.-Ing., WA	Magnetische Messungen	1941—1945
Otto, Prof. Dr., J., Dir	Unterabteilung III A	seit 1922
Padelt, Dr., E., RRaM	Flüssigkeitsmeßgeräte	1926—1945
Padelt, Fr., Dr., E., WA	Flüssigkeitsmeßgeräte	1941—1945
Pavlovic, Dipl.-Ing., Z. (Jugoslawien), Gast	Frequenzmessung	1960—1961
Peter, Dipl.-Phys., F., WA	Zustandsgrößen der Gase	seit 1960
Pfestorf, Dr., G., RRaM	Hochspannung	1927—1948
Pietzker, Dr., A., WA	Magnetophysik	seit 1958
Poltz, Dr., H., WA	Wärmetechnik	seit 1956
Pörksen, Dipl.-Ing., J., WA	Prüfamtswesen	seit 1961
Pott, Dr., F., WA	Ionenbeschleuniger	seit 1956
Prigge, Dr., W., WA	Kraftmessung	seit 1954
Prüger, Dr., W., WA	Wärmetechnik	1940—1943
Quassowski, Dr., H.-W., MinRat a. D., JMA	Verwaltung	1951—1955 seit 1956 als Gast
Rademacher, Dr., H.-J., WA	Tonfrequenzmessung	seit 1955
Rahlfs, Dr., P., ORR	Temperaturmessung	seit 1948
Ramthun, Dr., H., WA	Radioaktivität	seit 1958
Reich, Dr., H., ORR	Elektronenzyklotron	seit 1953

Name	Arbeitsbereich	Zur PTR/PTB gehörig
Reichow, Dipl.-Ing., D., WA	Raumakustik	1955—1961
Richter, Dr.-Ing., E.-F., ORR	Kunst- und Isolierstoffe	seit 1935
Richter, Dipl.-Ing., H., WA	Meßwandler	seit 1959
Rieckmann, Dr., E., ORR	Uhrentechnik	seit 1932
Rieckmann, Dr., P., RR	Ultraschall	seit 1939
Ritschl, Dr. phil. habil., R., RRaM	Spektroskopie	1928—1945
Roeschen, Dr., E., WA	Hochfrequenzmessung	1938—1945
Rogowski, Prof. Dr. habil., F., RR	Physikalische Chemie	seit 1955
Rosenbruch, Dr., K.-J., WA	Bildoptik	seit 1954
Rosenhauer, Dr., K., RR	Bildoptik	seit 1946
		1938—1945 als Gast
Roth, Dr.-Ing., H., WA	Fernmeldetechnik	1940—1945
Rudolph, Dr., J., WA	Fernmeldetechnik	1940—1945
Rühl, Dr., W., RR	Kältephysik	seit 1955
Rummert, Dr.-Ing., H., WA	Strichmaße	seit 1957
Rump, Dr., W., WA	Wechselstrommessung	1931—1945
Sattler, Dr., H., WA	Zustandsgrößen der Gase	1940—1945
Schaffeld, Dr., W.-D., ORR	Kurzwellenphysik	seit 1939
Scharnow, Dr., B., RR	Temperaturmessung	1926—1957
		bis 1958 als Gast
Scheffers, Dr. phil. habil., H., RRaM	Atomforschung	1928—1945
Scheibe, Prof. Dr., A.	Vizepräsident der PTB	1925—1958
Scheld, Dr., R., ORRaM	Prüfamtswesen	1913—1945
Schernowski, F., ORR	Verwaltung	seit 1953
Schilling, Dr.-Ing., F., WA	Feinmechanik	1943—1945
Schley, Dr., U., RR	Temperaturmessung	seit 1951
Schmatz, Dr., W., WA	Druckmessung	1957—1961
Schmidt, Dr., A., RR	Viskosimetrie	1935—1943
Schmitt, Dipl.-Ing., H., ORR	Technischer Betrieb	seit 1952
Schniedermann, Dipl.-Phys., G., WA	Röntgenspektroskopie	seit 1960
Schön, Dr.-Ing., G., RR	Sicherheitstechnik	seit 1950
Schoeneck, Dr., J., ORR	Aräometrie	seit 1936
Schönherr, Dr., P., ORRaM	Eichwesen	1923—1945
Schönrock, Prof. Dr., O., ORRaM a. D.	Polarimetrie	1894—1935
		1935—1946 als Gast

Name	Arbeitsbereich	Zur PTR/PTB gehörig
Schöttle, Dr.-Ing., H., WA	Hochfrequenztechnik	1941—1945
Schrader, Dr.-Ing., H.-J., ORR	Elektrische Maschinen	seit 1949
Schreuer, Dr., E., RR	Kraftverkehrsmeßgeräte	seit 1953
Schroeder, Dipl.-Ing., H.-J., WA	Klanganalyse	seit 1956
Schulz, Dipl.-Phys., H.-D., WA	Strahlenschutz	1958—1960
Schulze, Dr., A., ORRaM	Widerstandslegierungen	1912—1945 seit 1954 als Gast
Schulze, Dr., R., WA	Kältephysik	1940—1945
Schwarzer, Dipl.-Ing., J., Gast	Hochspannung	seit 1960
Schwennesen, Dr., B., ORR	Beschußwesen	1951—1952
Schwinghammer, Dr., A., WA	Schweltechnik	1937—1945
Seehafer, Dipl.-Ing., G., WA	Hochfrequenztechnik	1944—1945
Seeliger, Dr., R., Gast	Elektronenoptik	1952
Seemann, Dr., F.-W., WA	Aräometrie, Viskosimetrie	seit 1956
Seitz, Dr., G., ORR	Beschußwesen	seit 1952
Seyfried, Dipl.-Phys., P., WA	Kernspektroskopie	seit 1957
Siegel, Dr.-Ing., V., WA	Isolierstoffuntersuchung	seit 1956
Sommer, Dipl.-Ing., W., WA	Elast. Konstanten	1958—1959
Sörensen, Dr., Ch., WA	Ultraschall	1936—1938
Sörensen, H., JMA	Verwaltung	1947—1957
Sperling, Fr., Dipl.-Math., J., WA	Rechenstelle	seit 1960
Spiller, Dr., E., RRaM	Verkehrst. Lichtmessung	1925—1945
Stadler, Dipl.-Ing., H., WA	Elektrische Maschinen	seit 1957
Stappenbeck, H., WA	Klanganalyse	1949—1953
Stark, Prof. Dr., J.	Präsident der PTR	1933—1939
Steiner, Dr., K., ORR	Hauptwerkstatt	seit 1929
Steiner, Stud.-Ref., O., WA	Spielgeräte	seit 1939
Steinhaus, Dr., W., Dir	Abteilung II der PTR	1912—1945
von Steinwehr, Prof. Dr., H., ORRaM	Elektrische Einheiten	1901—1945
von Steinwehr, Dr., H.-E., WA	Röntgenspektroskopie	1941—1945
Stenzel, Dr., R., RR	Elektrische Maschinen	seit 1948
Steudel, Dipl.-Phys., J., WA	Waagen	1956—1960
Stille, Prof. Dr. phil. habil., U., LDir	Abteilung I	seit 1948
Strauß, Dr., H.-J., WA	Röntgenspektroskopie	1958—1960
Strauß, Dr., K.-H., WA	Hochspannung	1938—1945
Struckmeyer, Dipl.-Ing., R., WA	Explosionsschutz	1950—1960

Name	Arbeitsbereich	Zur PTR/PTB gehörig
Stüber, Dr., C., WA	Klanganalyse	1948—1949
Stühmer, Dipl.-Ing., S., WA	Spielgeräte	1951—1957
Sucker, Dr., Ch., Gast	Elektrizitätszähler	1954—1956
Suhr, Dr.-Ing., H., WA	Elektrotechn. Werkstoffe	seit 1949
Süß, Dr.-Ing., R., RR	Frequenzmessung	seit 1944
Taeger, Dipl.-Ing., O., WA	Elektrische Maschinen	seit 1956
Taubert, Dr., R., RR	Massenspektrometrie	seit 1954
Tepohl, Dr., W., ORRaM	Anorganische Chemie	1922—1945
Theising, Dr.-Ing., H., RR	Strahlungsoptik	1930—1945
Thienhaus, Dr.-Ing., E., WA	Schallmessung	1935—1945
Thomas, Dipl.-Ing., K., WA	Spielgeräte	1938—1945
Thomas, Dr.-Ing., W., RR	Zustandsgrößen der Gase	seit 1951
Thurley, Dipl.-Phys., F., WA	Meßwandler	seit 1953
Tingwaldt, Prof. Dr., C., Dir	Sektion A d. Inst. Berlin	seit 1926
Todtenhaupt, Dipl.-Ing., D., WA	Techn. Versorgung	seit 1953
Töllner, Dr., H., WA	Bildoptik	1940—1945
Topmann, Dipl.-Ing., H., Gast	Meßwandler	1952
Trapp, Dr.-Ing., W., RR	Waagen	seit 1954
Trier, Dipl.-Phys., J., WA	Elektronenzyklotron	seit 1956
Umpfenbach, Dr., K.-J., RRaM	Gasmeßgeräte	1931—1945
Venzke, Dr., G., RR	Raumakustik	seit 1953
Verch, Dipl.-Phys., J., WA	Strahlungsoptik	seit 1961
Verleger, Dr. phil. habil., H., RR	Spektroskopie	1936—1939
Vieth, Dr., G., RR	Wiss. Photographie	seit 1952
Vieweg, Prof. Dr.-Ing. E. h., Dr., R.	Präsident der PTB	1951—1961
		auch 1923—1935
Vieweg, Dipl.-Ing., V., ORRaM	Elektrische Maschinen	1912—1940
Voigt, Dr., B., RR	Tonfrequenzmessung	1927—1945
Volkmann, Dipl.-Ing., G., WA	Prüfamtswesen	seit 1956
Wagenbreth, Dr., H., WA	Druckmessung	seit 1960
Wagner, Dr., S., RR	Ionenbeschleuniger	seit 1954
Wagner, Frl., Dipl.-Chem., W., WA	Radioaktivität	seit 1961

Name	Arbeitsbereich	Zur PTR/PTB gehörig
Waibel, Dr., R., WA	Röntgendosimetrie	seit 1961
von Walter, Dr., H.-P., WA	Getreideprober	1936—1939
Walz, Dipl.-Phys., K.-F., WA	Radioaktivität	seit 1957
Wanninger, Dipl.-Phys., W., WA	Aräometrie	seit 1952
Weber, Dr.-Ing., W., RR	Viskosimetrie	seit 1939
Weidemann, Fr., H., Gast	Schrifttum	1957—1958
Weidemann, Dr., V., RR	Schrifttum und Bildstelle	seit 1954
von Weingraber, Dr.-Ing., H., ORR	Oberflächenmessung	seit 1944
Weiß, Dr., H.-M., RR	Radioaktivität	seit 1955
Weiß, Dr., K.-F., RRaM	Radioaktivität	1931—1945
Westmeyer, Dr., H., RR	Radioaktivität	1935—1945
Wetthauer, Dr., A., ORRaM	Bildoptik	1912—1945
Weyer, Dr., I., RR	Explosionsschutz	seit 1947
Weyerer, Dr., H., RR	Röntgenspektroskopie	seit 1953
Weymann, H., ORRaM	Gasmeßgeräte	1923—1938
Wiedersich, Frl., Dipl.-Chem., I., WA	Glasuntersuchung	1952—1953
Wiegand, Dr.-Ing., J., WA	Druckmessung	1950—1952
Wiegel, Dr., E., ORR	Allgemeine Chemie	seit 1935
Wießner, Dr., W., RR	Wechselstromnormale	seit 1951
Willenberg, Dr., H., ORR	Photometrie	seit 1932
Willms, Dr., W., RR	Geräuschmessung	seit 1955
Wollenberger, Dr., H.-J., WA	Magnetische Messungen	1957—1960
Wotschke, Dipl.-Ing., R., WA	Explosionsschutz	seit 1961
Wuttig, Dipl.-Ing., M., WA	Dosimetr., Kalorimetr.	seit 1959
Yamada, Prof. Dr., O. (Japan), Gast	Magnetische Messungen	1953—1955
Yokoyama, Prof. Dr., T. (Japan), Gast	Metallphysik	seit 1961
Zapfe, Dipl.-Ing., K., WA	Waagen	seit 1959
Zentgraf, Dipl.-Ing., G., Gast	Magnetooptik	seit 1959
Zickner, Dr., G., Dir	Abteilung II	1919—1957
Zinn, Dr.-Ing., E., RR	Meßwandler	seit 1946
Zipler, Dr., G., ORR	Lng.- u. Fläch.-Meßmasch.	1923—1956 1956—1961 als Gast
Zipprich, Dr., B., WA	Röntgenspektroskopie	1939—1945
Zobel, Dipl.-Phys., K.-F., WA	Beschußwesen	seit 1954

Bildquellen

Siemens & Halske AG., München: Werner von Siemens.
Deutsches Museum, München: Hermann von Helmholtz; Max von Laue.
Ullstein Bilderdienst, Berlin: Emil Warburg, Abraham Esau.
H. Heidersberger, Braunschweig: Abb. 6.
H. Steffens, Braunschweig: Abb. 9; Abb. 10; Abb. 21; Abb. 25.